一品红栽培与育种

Cultivation and Breeding of Poinsettia

王凤兰　黄子锋　周厚高　马　男　编著

中国 · 武汉

图书在版编目（CIP）数据

一品红栽培与育种 / 王凤兰等编著. -- 武汉：华中科技大学出版社, 2020.6
ISBN 978-7-5680-6232-9

Ⅰ. ①一… Ⅱ. ①王… Ⅲ. ①一品红－观赏园艺 Ⅳ. ①S685.23

中国版本图书馆CIP数据核字(2020)第074733号

一品红栽培与育种
Yipinhong Zaipei yu Yuzhong

王凤兰　黄子锋　周厚高　马　男　编著

出版发行：华中科技大学出版社（中国·武汉）　电话：（027）81321913
地　　址：武汉市东湖新技术开发区华工科技园（邮编：430223）
出 版 人：阮海洪

策划编辑：王　斌　　　责任监印：朱　玢
责任编辑：吴文静　　　装帧设计：百彤文化

印　　刷：广州市人杰彩印厂
开　　本：787 mm × 1092 mm　1/16
印　　张：10.5
字　　数：100千字
版　　次：2020年6月第1版　第1次印刷
定　　价：158.00元（USD 31.99）

投稿热线：13710471075　　　342855430@qq.com
本书若有印装质量问题，请向出版社营销中心调换
全国免费服务热线：400-6679-118 竭诚为您服务

序

《一品红栽培与育种》主要介绍一品红产业的整体流程，包括一品红品种的历史、现状和发展趋势、文化内涵及应用、形态特征；一品红品种及其近缘种、生物特性、栽培管理；一品红采后包装运输及病虫害防治、选购标准和育种等。

本书可供生产经营者和育种者学习，通过学习和实践持续改善生产及管理流程，淬炼出属于一品红产业的高效流程，掌握产业核心技术及竞争优势。一品红生产流程中的每个步骤都能增加产品价值，但重点是能否稳定且可重复，即有一套标准化作业流程，维持可控的产出时间和优良品质。本书注重实践和可操作性，最终目标是建立最佳的一品红健康管理标准作业程序，进而有助于国内一品红整体盆花产业的健康发展。

目录

第一章 一品红历史、现状及展望

1.1 历史

一品红，大戟科大戟属植物，学名是*Euphorbia pulcherrima*，拉丁名字意为“最美丽的大戟花”，又名圣诞花、圣诞红。因其颜色鲜艳、花期长、苞片大而深受人们喜爱，叶片苞片红绿相间，外观色彩充满圣诞节的应景气氛，是圣诞摆设的著名花卉。

一品红原产于墨西哥，在17世纪就已经应用在圣诞节中。在1825年美国大使Joel Robert Poinsett首先将一品红引进美国，因此其英文名为“Poinsettia”。1909年前后，由美国 Albert Ecke先生开始全力生产切花用的一品红，许多品种也都是由他及他的次子Paul Ecke 育出。1960年以前，欧洲很少栽培一品红，即便有也是以生产切花为主。直到1960年，欧洲才对一品红盆花的生产感兴趣，到1964年挪威首先推出‘Annette Hegg’系列的品种。1976年德国陆续育出‘Gutbier V’系列。1979 年起陆续推出‘Gutbier V-14’系列。‘Gutbier V-17 Angelika’即“安琪”，在20世纪80年代中期推销到欧洲，1988年进入美国市场。1986年由Mikkelsen推出一系列迷你品系‘Mikkel Mini’。1987 年由 Alex Hrebeniuk 陆续育出‘Peace’品种系列。1988年由法国推出‘Gross Supjibi’即“大禧”。同期还有‘Eckespoint Lilo’及‘Eckespoint Celebrate’系列的产生。20世纪90年代才有目前仍大量栽培的‘Jacobsen Peterstar’(彼得之星)品种的产生。一品红经多年品种改良和规模化生产以来，经久不衰，一直成为占领欧美市场份额最大的盆花品种。

一品红最早在20世纪70年代始引进国内当庭园苗木及围篱之用，其后才有以瓦盆栽培在圣诞节置室外观赏，品种则为室外栽培品种为主。国内现代化的一品红生产在90年代初才开始，当时生产者只少量引进新品种，因为栽培技术落后，产量和质量一直上不去。90年代后期一些台湾生产商来内地建设生产基地，把一品红的栽培水平提高了一个档次，市场也随之扩大，产量剧增。随后又有新的生产者开始采用现代的栽培技术，按照国际质量标准进行一品红生产，对市场产生了一定影响。

▼色彩斑斓的一品红

1.2 现状

一品红是美国第一大盆花，每年产量在1.2亿盆左右，占其盆花总量的25%，产值的32%，列盆花第一位，欧洲地区每年产量约1.8亿盆，相当于欧美每3～4人每年会消费1盆一品红。欧美等国每年都有

▼莲瓣型苞片的一品红

一品红新品种问世。目前，美国的保罗艾克（Paul Ecke）公司、德国的菲舍（Fischer）公司和都门（Dümmen）公司是世界三大一品红育种公司和种苗供应商，其中美国保罗艾克公司历史最为悠久，规模大，品种遍及全世界。在美国，有75%的一品红品种是来自保罗艾克公司；在欧洲，有40%的品种是来自该公司；在亚洲，一品红年产量约2000万盆，保罗艾克的品种约占80%。目前应用于商业化生产的品种主要有自由系列（Freedom Family）中的Freedom Red、Freedom Pink、Freedom Early Red；持久系列（Enduring Family）中的Enduring Red、Enduring Pink、Enduring White、Enduring Marble；彼得之星系列中Peterstar Marble、Peterstar Pink、Peterstar Red、Peterstar White；冬日玫瑰系列（Winter Rose Family）中的Winter Rose Dark Red、Winter Rose Early Marble、Winter Rose Early Pink等，另外还有国内主栽品种金奖（Gold Medal）、威望（Prestige）、天鹅绒（Red Velvet）、千禧（Millenium）等。

在我国，一品红具有以下市场优点：（1）苞片红色，具有喜庆气氛，符合我国人民审美要求，消费群体大，除可作为家庭装饰外，更多的以组盆方式用来装点宾馆、写字楼、会场等公共场所；（2）销售季节长，通过花期调控，可以在国庆、圣诞、元旦、春节甚至五一节日出售，使销售季节绵延近大半年。越来越多的商家在圣诞前一个月甚至更早就开始用一品红来装饰商场、宾馆、写字楼等公共场所。因

此，一品红可以从11月开始一直销售到翌年4月份，销售高峰集中在12月份至春节，销售季节长达6个月，北方由于冬春季缺花，因此具有节日气氛的一品红就特受青睐。高品质的一品红还可以销售到香港、

娇艳欲滴的一品红◀

澳门等周边市场，所以一品红成为我国盆花发展最快的种类，其产业的发展空间及市场前景非常广阔。一品红是广东省的优势盆花品种之一，广东地区冬春季气候较温暖，适宜一品红盆花的生产，在春节及元旦前后上市，可以填补北方产区此时段气候寒冷、生产成本高导致的市场空白。一品红生产数量不断扩大，品种不断改良，有利于提高盆花的市场竞争力和开拓国际市场，对于调整农业结构、提高农业效益具有重要作用。

1.3 产业趋势与展望

（1）产业推进。2002年国家林业和草原局将一品红纳入植物新品种保护名录，品种保护权的严格执行短期内看似束缚产业的发展，长期看反而因管制而使市场稳定，促进迈向国际化，打开外销市场，鼓励自行研发品种等。适应市场开发出规格大小不一的商品，尤其是超大及迷你盆栽的应用，配合树型、不同花期、不同花色、不同品种的一品红让消费者有更多选择。目前主要消费选择还是以红色的17 cm或21 cm盆径为主，可配套栽培部分6 cm、9 cm、11 cm盆，及少量的35 cm大盆（形成树型、塔型）等，并可搭配观叶植物做成组合盆栽或三色组成一大盆，这种搭配有助于市场的开拓。

（2）产业内外围助力。由业界成立花卉产业联盟，制定一品红生产初期计划，协调产量预警、分级及价格；在技术方面多交流，在介质、肥培、灌溉、矮化、花期调节、病虫害防治、品种搭配上多配合生产者及消费者需求，通过观摩和研讨，促进生产经营，使销售增加，产业良性循环。

第二章

一品红的文化内涵及应用

一品红不仅拥有美丽迷人的外表，还有深刻的文化内涵，以其独特的方式与人类进行交流。在严寒冬季，一品红硕大深红的花朵给人感觉像是一盆温暖的炉火，因此又被赋予红红火火的花语。一品红花色艳丽，由于其开花时正值元旦、春节，因此又有着普天同庆、共祝新生的美好花语。一品红符合特定节日花卉的需求，是圣诞节、春节、劳动节和国庆年等节日的应景花卉，节日又推动着一品红产量及销量的提升。

2.1 圣诞文化

在17世纪，法国传教士在庆祝圣徒诞生的仪式上，第一次把一品红作为装饰应用。瑞典有位抽象派艺术家形容这种花恍如拿破仑出征的红缨，象征着挑战、突破和胜利，这个含义恰好符合许多教徒勇于拼搏的心态，从此一品红便被举世公认为圣诞之花。在大众媒体的宣传推动下，逐步确立一品红盆花在圣诞节期间经久不衰的消费地位。圣诞节是西方国家最为隆重的传统节日，其地位相当于中国的春节，一品红形成独具特色的圣诞文化。圣诞节来临，不可或缺的应景植物便是一品红，有些火红、有些缤纷，放上几盆，让它们热情地伸展苞叶，空间也顿时充满温馨、愉悦的节日氛围。

圣诞装饰

▼常见圣诞花圈图案

▼一品红组合盆栽

UPPER LEVEL
CELEBRATE BLACK FRIDAY
GAP
BLACK FRIDAY STARTS NOW
50% OFF
40% OFF
GAP
Shutterfly
Shutterfly
Sign Up For a Free Test Drive!

▼1964年美国一品红邮票

▼1985年美国一品红邮票

▼2018年美国一品红邮票

2.2 红火中国年文化

在中国，红色象征幸运和快乐，起源于对太阳和大地之神的崇拜。一盆鲜红亮丽的一品红，每到年底不但给外国人带来圣诞快乐，更给国人带来新年的喜讯。国内没有发行一品红相关的邮票，但有知名画家留下的名画。如画家邓白1975年春画于广州的迎春图，图中所显示的一品红呈灌木状，和羊蹄甲种在一起，说明1975年广州已有种植一品红，并且株高偏高，当时苞片数量偏少。现如今已有大盆栽的一品红代替年橘摆放于大门两边的现象，突出红红火火的年味。

▼画家邓白1975年所作的「迎春图」

▼画家邓白1975年所作的「迎春图」局部

▼台湾人席德进先生1976年所作的「摇曳生姿圣诞红」图

2.3 一品红的应用

一品红苞片鲜艳，常置于室内、大厅处观赏，是节日、庆典群体摆花布置的好材料，在冬季观花缺少的情况下，它更是难得的一种应景花卉，适合会议、酒店、商场和公司摆花。公众地方一品红布景多以大规格的盆栽为主，随着经济条件改善，人们生活习惯改变，普通消费者转而偏爱小品盆栽。小盆栽价格实惠，且随着生产技术提升，小盆栽也能种得相当茂盛，适合家庭、办公室摆放。

▼会场摆花

▼会场摆花

▼酒店摆花

▼ 树型一品红

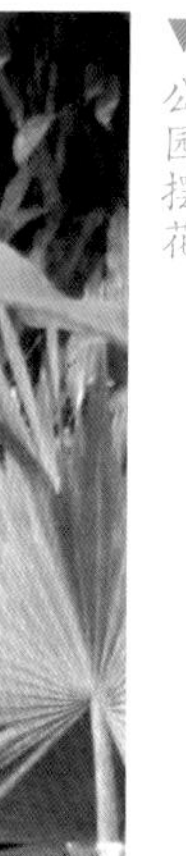

第三章

一品红形态特征

一品红属常绿灌木，株高50～300 cm，植物各部分具白色乳汁；茎光滑，芽绿，老枝深褐色。单叶互生，全缘或有裂。自然花期11月至翌年3月。

3.1 独特的花器官

3.1.1 苞片

苞片是着生于花序茎节上的所有叶片，是观赏的重点，在植物学上它不是花瓣，是花器官的外围，但从观赏角度来说，这一整团的构

▼5种不同颜色的苞片

3个不同品种的苞片，中间品种内卷

造包括红色的苞片才是我们主要欣赏的“花”，但此花非真正的花。苞片多数，平展或卷曲，狭椭圆形，长3～7 cm，宽1～2 cm。苞叶颜色有红色、粉红、紫色、白色、黄色和各种混色等，可通过RHS比色卡定值。

3.1.2 真正的花

真正的花器官只有中心部位那一粒粒的小花，包括雄蕊和雌蕊，而它的花瓣退化了。杯状聚伞花序在枝顶，每个花序只具一枚雌蕊，雄蕊多数，总苞淡绿色，有黄色腺体。

开花初期的小花

▼雄蕊开始散粉的小花

▼当雌蕊伸出子房，柱头外卷，是授粉的好时机

▼并非所有的小花都能产生雄花和雌花

3.1.3 杯状花花器构造

一品红枝顶几个聚伞花序，花器官分为雌花和雄花，二者都无花萼和花瓣。每个雌蕊四周围绕着许多雄花，雄蕊多数具柄，无花被。花梗长3～4 mm；总苞坛状，浅绿色，高7～9 mm，直径6～8 mm，边缘具牙齿5裂，裂片三角形，无毛；雌花单生，总苞位于中心；杯状花上缘有1～2个黄色的腺体，经常被压缩，二唇状，长4～5 mm，宽3 mm。子房平滑；花柱3，中部以下合生；三角状长圆形，长1.5～2 cm，直径约1.5 cm，光滑无毛。

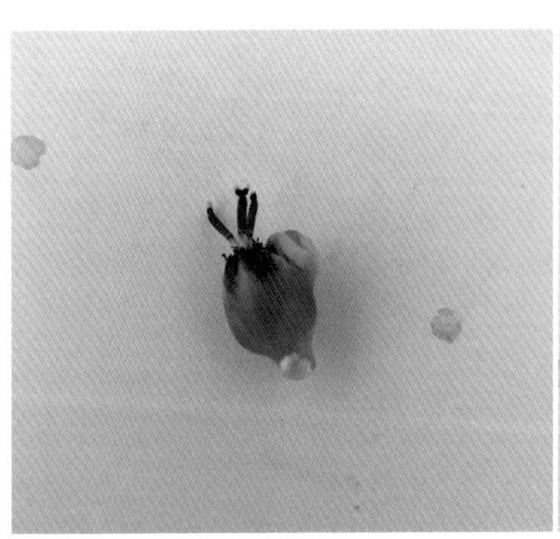

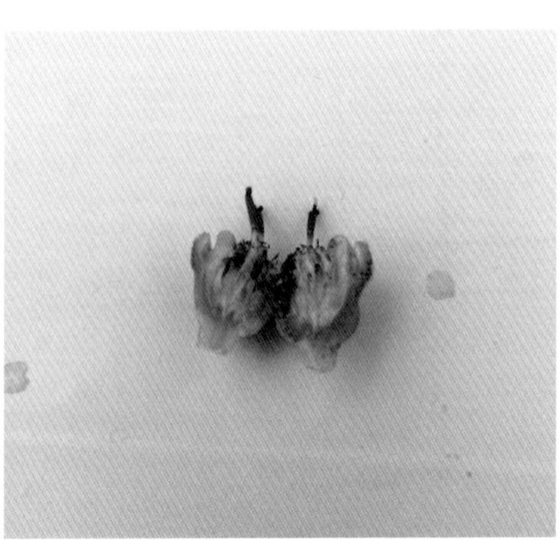

▼杯状花序竖切面（右图）

▼杯状花序，总苞先端变红，伸出的是雄蕊（左图）

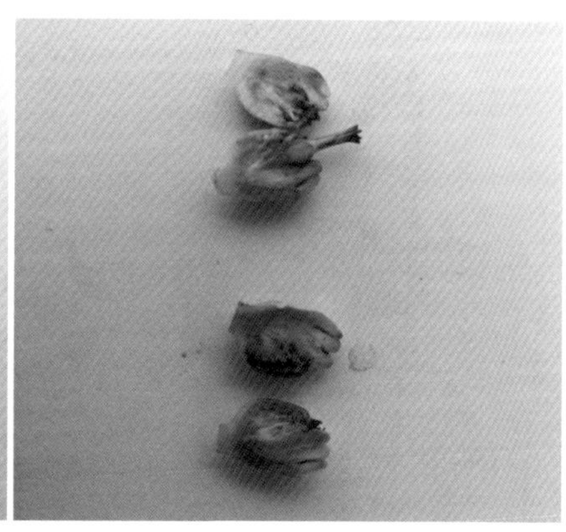

▼两个不同发育情况的杯状花竖切面（右图）

▼杯状花序横切面，雄花分成5团，每团各自形成一个雄花序，这花序雌花先伸出（左图）

3.2 果实

蒴果，在6～7月由绿老化变黄时果实成熟。种子卵形，直径8～9 mm，灰色或浅灰色，表面近平滑约1 cm；无肉阜。

▼果实本身颜色，并非成熟

▼果实本身红色，并非成熟

▼授粉成功后果实膨大

收获成熟的果实

收获即可播种的种子

3.3 茎

茎多为绿色，也有红色，与花青素着色强度有关。茎分枝性与盆栽株型密切相关。

切口看出茎中空

▼芽上多出茎节开始收缩

▼茎节口愈合

3.4 叶

单叶互生，卵状椭圆形、三角形、长椭圆形或披针形，长6～25 cm，宽4～10 cm，先端渐尖或急尖，基部楔形或渐狭，叶片颜色有白色、浅黄色、黄绿色、淡绿色、中绿色、灰绿色、深绿色，全缘或浅、中、深裂或波状浅裂，短柔毛或无毛，叶背短柔毛；叶柄2～5 cm，无毛。叶片分正常叶和过渡叶，过渡叶是苞叶下能随苞叶一起转色的叶片。

▼一品红盆花成品的叶序

▼叶裂的三种形态：浅、中、深

▼叶柄出现红绿的嵌合体

▼花期过后顶部长出的新叶

3.5 乳汁

一品红全株茎叶有白色乳汁，其中含有多种有毒生物碱，某些人触碰到会引起皮肤红肿发炎、过敏搔痒。若不慎碰到，应赶快用清水清洗，就能缓和症状。而大部分人皮肤触碰到其白色乳汁，并无不良反应，比如种植的农户。美国俄亥俄州州立大学做过相关实验，结果显示，实验用的老鼠并无产生不适的反应；当给予老鼠摄取大量的、不同部位的一品红后，其结果是无致死性、无产生毒性症状、在消化道系统或是行为模式方面也没有任何异常改变。只是有少部分实验老鼠出现皮肤发红、流鼻涕症状等。根据POISINDER（美国毒物控制中心）指出，一个体重约23 kg的孩子，必须至少吃下0.5 kg的一品红苞片（500～600片叶子）才会超过上述俄亥俄州州立大学所做实验中的剂量。一品红的安全性无庸置疑，但和其他观赏植物一样，它不应被当作食用的物品。另外，因猫爱啃食花草等植物，养宠物猫的家里最好不摆放一品红。

▼一品红切枝产生白色的乳汁

▼一品红切断叶柄流出白色的乳汁

▼切断时流出较少乳汁的一品红植株

3.6 根系

根圆柱状，极多分枝。理想的根系是均匀分布在介质中，从介质表面可以看到根群呈网状分布。根白色表示根系拥有发达的根毛，可以吸收水分和营养，良好的根系可以避免根腐病的发生。

▼一品红盆栽成品和小苗的根系

第四章
一品红品种和其近缘种

国内一品红商业化的品种多为国外品种，积极引进的欧美商业品种对产业发展贡献显著。种质资源是新品种选育的物质基础，其近缘种有野生状态下的杂草,也有已开发的观赏植物，都是潜在的重要遗传育种资源，为重要的可开发利用材料。

4.1 一品红品种

一品红栽培品种主要来自于美国、欧洲，从早期庭院栽培到现在盆栽的品种，都有其特定的历史背景。一品红品种根据分枝性的不同分为两大类，标准型和自然分枝型。每类中均有一些主要品种，每一品种又因芽变及人工诱变分出不同色彩的品种。标准型品种的典型代表为最早栽培的品种‘Early Red’，幼时不分枝，近于野生种，植株高。自然分枝型品种，生长到一定时期不经人工摘心便自然分枝，自然形成一株多头的较矮植株，更适合于盆栽应用。品种分类可按照花期早晚分早熟（感应周期少于8周）、中熟（感应周期8～10周）和晚熟(感应周期多于10周)；依花色可分一品白（苞片乳白色）、一品粉(苞片粉红色)和一品黄（苞片黄色）等。以茎的高矮可分为高型（宜作切花）和矮型（宜盆栽）。

但如此多样的品种，生产者应如何抉择？这应从品种差异化特点与市场导向着手探讨，并配合本身生产技术与资源能力，选出最适合自己的生产品种。种植者根据自己的需求和栽培条件进行选择，利用当地设施栽培一品红，找出适合当地栽种的品种，而非追求最新的品种。参考标准：（1）植株分枝性好，高繁殖倍率。（2）生长周期短。（3）苞叶大，色彩艳丽，不容易掉落。（4）易于进行花期调节，花期适中符合销售旺季。（5）花期长。（6）适宜室内不同位置的光照、温度等环境条件。（7）抗病力佳，枝条强健，耐贮运，不易折损。

目前国家林业和草原局作为我国一品红新品种保护和审批机关，在国家林业知识产权网公布获得品种权的一品红仅有25个品种，而国内选育的品种更是寥寥无几。目前国内市场上流通常见的重要品种概述如下。

4.1.1 金奖（Gold Medal）

"金奖"株型非常紧凑，根系发达，枝条健壮，分枝性好，出芽数量多且很整齐，不使用生长调节剂也能保持很整齐的冠面，叶片颜色为深绿色，叶片形状卵形，无锯齿，平展。开花感应期7周，以圣诞及春节为花期均可。苞片颜色为非常鲜艳的红色。夜温保持在21 ℃，有利于花芽的正常分化。

▼金奖

4.1.2 威望（Prestige）

感应期8.5周。深色叶系，叶片形状佳，颜色油绿，苞片挺立，暗红色，分枝性强，生长势旺盛，晚熟品种，短日照处理后开花，感应期9周，多用于春节花期。7寸盆规格一般于每年的8月上旬进行温室大棚定植，国庆节前后采用灯光控制花期。抗病虫害能力强，病虫害少，矮化剂用量少，不易徒长。易管理，耐热性、耐寒性好。株型紧凑，不易裂枝，茎杆直立性好，呈良好的“V”字型，耐运输，货架寿命长。“威望”品种颜色有：红色、亮红色。

4.1.3 自由（Freedom）

“自由”生长表现良好，短日照感应期7.5～8周，叶色常绿，苞片鲜红，苞片大，亮红色，花期长，货架寿命长。顶芽摘心后侧芽萌生能力稍低，形成的枝条少。对肥需求量小，易于栽培，枝条强健，耐寒性较佳。为国庆催花及春节延后催花的好品种。“自由”系列品种：红色、亮红色、白色、黄色等。

4.1.4 天鹅绒（Red Velvet）

▼天鹅绒

“天鹅绒”颜色亮丽、耀眼，为中熟品种，开花感应期8周。叶色深绿且质地硬，如天鹅绒般亮丽的苞片，于室内表现极佳，尤其在苞片全部展开时，更具贵气。直立株型，生长势强，矮化剂用量较大，适合大、中盆种植，耐贮运及室内摆设。品种：早生、更早生天鹅绒。

4.1.5 彼得之星（Peter star）

感应期8. 5周。绿叶系，苞片深红，花期早，株型整齐，分枝性良好，生长势佳，株型为中型，易控制易栽培。耐热性佳，红色苞片不易褪色，耐久性最佳，抗灰霉能力强，栽培适温15～30 ℃。“彼得之星”系列品种：红色、粉红色、黄色、橙色、双色等。

4.1.6 V-10系列（V-10）

绿叶系，苞片深红，花期早，株型整齐，分枝性极佳，目前以微型盆栽生产为主。另有红、粉、白及双色等色系品种。

4.1.7 成功（Success）

亮丽的红色品种，苞叶颜色鲜艳，尤以在室内光线的环境下，苞片颜色表现更优。晚生品种，非常适合做单茎或分枝产品，也很适合做树型产品。

4.1.8 倍利（Pepride）

感应期7.5～8周，受欢迎的迷你品种。分枝性良好，叶片深绿色，深裂，具有独特的枫叶状叶片，叶片及苞叶形状很有特色，很适合做迷你及吊盆生产。特殊叶型及苞叶，是组合盆栽之良好配材。另有粉色、白色、双色等品种。

4.1.9 小丑-红（Jester Red）

叶片、苞叶直立，可密植。目前新兴的深红色品种，其特殊直立苞叶，掀起市场一阵旋风。

4.1.10 小红莓（Cranberry Punch）

新兴特色品种，可用于迷你盆栽（90盆）、120盆及150盆。鲜艳洋红色苞叶，色彩抢眼，是组合盆栽的良好配材。

4.1.11 麦克司（Max Red）

适合栽种成迷你型及150盆，吊盆亦非常适合。树型直立，矮性，节间短，极适宜密植。是目前新兴红色品种，其优良特性可取代彼得之星。

4.1.12 圣诞玫瑰（Winter Rose）

感应期9.5周。此品种开花较晚，叶色深绿，叶型弯曲，开花时如盛开的玫瑰，花型奇特，可用作切花。切花瓶插寿命长达2～3周。盆花、切花两相宜。深红内卷苞片，花形特殊，类似玫瑰花。深绿内卷叶片，叶厚，枝条强壮，极耐包装。另有粉色、桃红色、白色、绞纹及双色等各色品种。

4.1.13 圣诞铃声（Jingle Bells）

新兴的极佳迷你配色品种，150盆及210盆亦优。特殊苞叶，色彩抢眼，是组合盆栽的良好配材。树型优美。红色苞片，具粉红色散斑。

4.1.14 精华（Primero）

感应期8.5周。生长势强，茎强健，枝条较粗，长势、分枝性佳。苞片红色，植株直立，耐热、耐运性好，抗病性佳，叶色深绿，不易黄叶、掉叶，不易裂枝，硬挺，有笔直的茎部，不易抽长，枝条成“V”字型分枝。

4.1.15 千禧（Millennium）

苞片色泽讨喜，易生根易栽培，为市场最早生及植株强健的深色系品种。短日处理周数6周，苞片色泽鲜红色，苞片分化生长最适温度17 ℃。

4.1.16 柠檬雪（Lemon Snow）

色泽亮黄，分枝性佳，具圆形树型，株型美观。高光和低温可使苞片加深，为目前唯一的鲜黄色品种。短日感应期7.5周，苞片色泽亮黄色，苞片分化生长最适温度为17 ℃。

4.1.17 柯提兹-勃根地（Cortez-Burgundy）

为目前紫色系品种，低温可促进分枝及帮助转色，唯对高温敏感，可做小品或大尺寸栽培。短日感应期7.5周，苞片色泽紫色，苞片分化生长最适温度为17 ℃。

4.1.18 诺贝尔之星（Nobel star）

植株中高度，分枝性佳，叶中绿色。短日处理周数8周，苞片色泽深粉红色，苞片分化生长最适温度为19 ℃。

4.1.19 苏诺拉系列（Sonora）

分枝性极佳，摘心后侧枝数多。室内观赏不易落叶。由于此品种苞片呈下垂状，故可做为吊盆形式销售。短日感应期8～8.5周，苞片色泽深红色、乳白色，苞片分化生长最适温度为17 ℃。

4.1.20 红精灵（Red Elf）

由杂交育种育出品种，株型紧密，稍矮生，分枝多，叶色为深绿色，不易落叶。苞片深红，早花，自然日生长情况下在11月上、中旬开花。

4.1.21 达文西（Da Vinci）

由杂交育种育出品种，分枝中等，叶色为绿色，不易落叶。苞片为鲑鱼色细斑点，为目前鲑鱼色品种中颜色较鲜艳之品种，温度低时鲑鱼色愈鲜艳。

4.1.22 银河（Milky way）

由“V-14红”芽变的斑叶品种，叶片边缘不规则，叶色为淡灰绿底带不规则之白斑，苞片稍淡红，夏天斑叶不易焦枯，开花后期枝条较软易倒伏。

4.1.23 彩虹（Rainbow）

由“彼得之星”芽变之斑叶品种，叶片淡黄绿底带白色之覆轮斑，苞片红色，分枝较‘彼得之星’少，夏天若环境控制不良，叶片边缘之白斑处易焦枯。

4.1.24 光辉（Red Splendor）

生长势强，茎强健，枝条较粗，分枝性极佳，摘心后侧枝数多。深绿叶品种，室内观赏不易落叶。苞片色泽深红色，花期较晚。“光辉-早”（Red Splendor-Early）较“光辉”品种早1.5～2周。

4.1.25 红坤（Red Earth）

由杂交育种育出品种，分枝中等，叶色为绿色，苞片深红色，稍易下垂，早花性，自然日长下约在10月下旬开花。

4.1.26 黄祖（Yellow Ancestor）

由杂交育种育出品种，分枝中等，叶色为绿色，苞片大呈黄白色，易下垂，单枝花型特殊。

4.1.27 月光（Moon Light）

由杂交育种育出品种，分枝中等，株型较高，叶色为绿色，苞片黄白色，颜色柔和。

4.1.28 草莓鲜奶油（Eckaloha，Strawberries Cream）

由“倍利-粉”经诱变育种选育而成，株型矮而开张，叶色为深绿色有灰绿色斑块镶嵌。苞片较窄短，为深粉红色有黄白色的覆轮斑纹镶嵌。

4.2 一品红近缘种

与一品红近缘且有做盆花价值前景的观赏植物包括猩猩草（*Euphorbia cyathophora*）、羽毛花（*Euphorbia fulgens*）、白雪木（*Euphorbia leucocephala*）和雪花木（*Breynia nivosa*）等。

4.2.1 猩猩草

猩猩草（*Euphorbia cyathophora*）又名叶象花、老来娇（江西）、草一品红（海南）、箭叶叶上花（云南）。一年生草本，高达80 cm。叶互生，叶形多变化，卵形、椭圆形、披针形或条形，中部及下部的叶长

4～10 cm，宽2.5～5 cm，琴状分裂或不分裂，上部叶常基部红色或有红、白色斑纹，比中、下部叶小。杯状聚伞花序多数，在枝顶排成密集的伞房状花序；总苞钟状，宽3～4 mm，顶端5裂，裂片间有腺体1～2，杯状，无花瓣状附属物，总苞内有多数雄花和1雌花；雄花仅1雄蕊，花梗与花丝之间有关节；雌花生于总苞中央，子房卵形，3室，花柱3，离生，柱头2裂。蒴果近球形，直径约5 mm，无毛。种子卵形，有疣状突起。花期7～9月，果期8～10月。

▼猩猩草开花及结果

4.2.2 羽毛花

羽毛花（*Euphorbia fulgens*）为大戟属的常绿灌木，原产于墨西哥。纤细的枝条四散生长，常柔软下垂。互生披针型叶片，叶长约10 cm，叶柄约叶长的1/2或与叶等长，形状犹如柔软的羽毛而得名。大戟花序自叶腋长出，苞片5裂形如梅花，花径约1 cm。苞片颜色有红色、橘红色、粉橘色、黄色、白色等。开花期冬春季。枝条下垂的特性适合作为吊盆植物种植。花与叶片的造型、排列方式都相当有特色，是优良的切花与押花材料。花期11月至翌年4月。

▼羽毛花切枝

▼羽毛花雌蕊与一品红相似

4.2.3 白雪木

白雪木（*Euphorbia leucocephala*）又名白雪公主、圣诞初雪，大戟科大戟属常绿小灌木。因为它远远望去就像片片白雪覆盖枝头，白雪木的名字也因此而得名。白雪木的叶片密生，呈披针状卵形，具有短柄；花朵则为顶生的伞形花序，一般观赏其白色的总苞片，一朵花具有5片总苞片，对生，长1～3 cm，较圣诞红小；白雪木的果实为蒴果，呈倒卵心形，成熟时则会转回褐色。

▼白雪木成品盆栽

▼白雪木开花

4.2.4 雪花木

雪花木（*Breynia nivosa*）又名白雪树、彩叶山漆茎，为常绿小灌木。株高50～120 cm，枝条暗红色 。叶互生，圆形或阔卵形，全缘，排成2列。叶缘有白色或有白色斑纹。嫩时白色，成熟时绿色带有白斑，老叶绿色。花小，极不明显，花有红色、橙色、黄白等色，花期为夏秋两季。作绿篱，可孤植、群植，效果极佳。点缀于林缘、护坡地、路边等，远远望去，犹如一条乳白色彩带，给人以赏心悦目的感觉。

▼雪花木开花

▼雪花木茎叶

第五章

一品红生物特性

一品红是典型的短日照植物，当日照长度短于其临界日长时才能开花，否则只进行营养生长。北半球的一品红自然花期大多在12月左右，也因此被塑造为圣诞节的代表花。

5.1 光照特性

5.1.1 光周期

白天逐渐变短时（短于临界值12小时20分，在每年秋分9月20日左右），一品红就转入生殖生长，茎顶生长点就会进行花芽分化及进而开花。利用一品红对光周期的反应，在9、10、11月夜晚点灯照一品红，可延迟至春节开花。也可以在夏天长日照时的傍晚4～5点，将一品红盖上黑色布，在隔天清晨7、8点再打开，使日长在12小时以下，可促进一品红在圣诞节之前开花。

临界日过后5～7天，在显微镜下可看到花原基。在品种描述上都会标明其反应周期，现有品种大多在7.5～10.5周之间。也就是说从临界日到开花适合销售时间一般需8～10周，早熟品种需6.5～7周。但临界日还与夜晚温度有关，当夜晚温度超过24 ℃，即使日长少于临界值12小时20分钟，花芽分化也会受到一定程度抑制，仍将进行营养生长。

5.1.2 光强特性

生长季节需光照强度40000～60000 Lx，夏季阳光太强时，需适当遮阴，遮阴度以50%左右为宜，补偿点为3000 Lx。侧方光照会使茎弯曲生长，影响植株美观。

5.1.3 光质

光质对一品红开花和茎的伸长很重要，红光阻止花芽分化比蓝光更有效，加光时应优先选白炽灯而不要用日光灯。远红光与红光的比值大时，有利于茎的伸长，而不利于侧芽的分化。

5.2 温度特性

一品红性喜温暖的环境，不耐寒，生长适宜温度为18～25 ℃。最适宜夜温为16～21 ℃，最适日温为21～27 ℃，温度低于16 ℃，生长发育缓慢，13 ℃生长停滞，不能经受零下的温度，在大风的情况下，5 ℃就会出现冻害，超过29 ℃对生长不利。25 ℃生长速度最快，高于25 ℃生长速度减缓。节间长度、植株高度随昼夜温差值的增大而增加。花芽分化最适宜温度为16～21 ℃，超过21 ℃发育速度减缓，生长后期温度维持在15～17 ℃对苞片发育和转色有利，利用夜温25 ℃处理可延迟花芽分化。苞片遇到低温出现蓝化现象。小花蕾发育适温为18～22 ℃，是一品红杂交成功的关键因素。一品红雌蕊生长范围很窄，最适宜温度为21 ℃，且要保持一周以上。温度高于25 ℃，雌蕊生长偏弱，不易授粉结实成功。

5.3 湿度特性

一品红性喜湿润环境，但要注意通风良好，保持空气相对湿度

80%以上。在空气过于干燥的时候，要经常给一品红进行喷水，往其叶片上或者是其生长环境周边的地面上喷水，以提升空气的湿度，避免由于过于干燥而导致出现掉叶子的现象。生长时期盆土中应保持充足的水分，但忌盆土积水。看到盆土表面1～2 cm变干时再浇水，每次浇水要浇透。冬季室温低，要少浇水，保持盆土微湿。生长期对水分的反应是非常敏感的，浇水过多或者过少都会引起发育不良，所以一定要遵循见干见湿的原则来浇。

一品红对土壤湿度的要求特别严格，土壤过干或过湿都会引起大量落叶，严重影响观赏价值。在开花期，空气湿度大易引起灰霉病。

浇水过后的嫩芽

第六章

一品红栽培管理

国外一品红栽培水平较高，已有发达国家利用计算机模型控制其生长过程，特别是温室栽培生产过程。近年来国内栽培水平有了一定提高，但仍较为粗放。一品红的栽培管理研究集中于培养基质、光照、灌溉、营养生理、培养基质等方面。此外，为让一品红产业更完善，可从消费端着手，了解购入盆栽后可能遇到的问题，检查生产端可改善之处，逐渐提升质量。

6.1 栽培温室要求

6.1.1 高档温室

生产温室最高配置：降温水帘、加温、内外遮阴、通风、补光和苗床，以便在生产中控制环境因素。越是高级的温室，一品红品质越容易掌控。相比之下，种苗扦插期比较敏感，一般选高级配置的温室。

▼高档温室大棚

▼高档温室大棚

6.1.2 温室中等配置

中等大棚配置：内遮阳、防草地布和花盆托。

▼中等大棚

6.1.3 低等温室配置

仅有保温膜的简易棚，或者甚至露地种植。

▼简易大棚

▼露地种植

6.2 基质管理

良好的盆花栽培基质是栽培成功的一半，对所用栽培基质的了解是很重要的。在使用良好的栽培基质前提下，通过营养管理、水分管理、高度控制、花期调节及在病虫害的防治等条件的配合下，生产高品质的一品红是完全可行的。进口基质所产生的经济效应较国产基质显著，且进口基质使用起来简单、方便，但是成本要高一些。

6.2.1 基质调配

好的栽培基质应具备质轻、多孔性、通气良好、容易获得养分及容易操作调配等条件。要求洁净，排水良好，含有相对低的可溶性盐分，足够的离子交换能力，保留和供给植物的必需元素，没有土壤害虫、病菌和杂草种子，基质的生化性能要保持稳定。

目前国内种植者使用的基质材料包括园土、泥炭、沙、珍珠岩、椰糠等，将其中的一种或几种物质混合。目前较常用的栽培基质包括泥炭土、炭化稻壳、珍珠石、河砂及木屑等，栽培基质配方（体积比）如泥炭土、木屑、炭化稻壳、河砂为1.5：1.5：1：1，泥炭土、炭化稻壳、河砂为3：1：1，泥炭土、泥土、珍珠石为1：1：1，泥土、泥炭土、珍珠石为10：3：1等，而这些基质的pH值、EC值及保水性大多有偏高现象，导致盆栽一品红生育中后期常有营养不平衡及养分吸收障碍等问题发生。一般用堆肥堆制方法堆积基质，经堆积发酵2～3个月腐熟方可使用。由于该基质容重不足，不宜直接盆栽一品红，应适量添加河砂（粒径在2.0 mm以下）以增加基质容重，但河砂添加量以不超过25%（体积比）为宜，另为考虑栽培基质孔隙度及排水性，宜适量添加珍珠石，盆栽一品红栽培基质配方（堆肥基质、河砂、珍珠石）体积比为3：1：1。

6.2.2 基质理化性质

栽培基质理化性质选择条件：（1）无化学残留性；（2）可溶性盐

类吸附性良好；（3）物理性状良好。一般理想的栽培基质必须具有保水、保肥、通气性佳、适宜的酸碱度（pH值）、电导率（EC值）及无病虫源、无毒性等条件，其中又以适宜的pH值及EC值最具关键性。一品红较适宜生长的栽培基质理化性质为pH值（基质：水 = 1：5）5.5～6.5、EC值（基质：水 = 1：5）＜2.0 dS/m、总体密度＜0.62 g/cm^3、总孔隙度＞46.5%、容水量＞55%及保水力＞30%。

一品红无土基质理想 pH 值为5.8～6.2，含土基质pH值为6.0～6.4。pH值过高时叶片颜色易不正常，且微量元素易缺乏，也易发生钠毒害，降低 pH值的方法是灌溉水中加酸或是使用酸性肥料。pH 值过低时钙及镁供应不足，且易有微量元素毒害，可施用石灰或使用碱性的肥料改善。在一品红生长中后期，均有可能因灌溉水pH值偏高，而导致栽培基质pH值过高等情形，为避免一品红生长中后期产生次微量元素吸收障碍，当发现栽培基质pH值超过6.5（基质：水 =1：5）时，可用pH值约为4.5的稀硫酸铁浇灌，以酸化栽培基质。

表6-1　调整基质pH值的用量

材料	栽培基质（m^3）
石灰粉	调高pH值0.5～1.0单位，需1.5 kg
硫酸铁	调低pH值0.5～1.0单位，需0.9 kg

6.2.3 基质常见问题

栽培基质上较常发生的问题，大致可归纳为下列几点：（1）栽培基质pH值偏高，或一品红生长中后期因灌溉水pH值升高，导致栽培基质pH值升高。（2）栽培基质EC值偏高，或施肥过量造成盐类累积。（3）水分供应过量，栽培基质通气性不良。为减少上述问题的发生及提高一品红栽培管理技术，特别建议农户于栽培基质调配完成后，应取样本送辖区土壤检验所分析理化性质，以提供基质调整及施肥管理依据，随时咨询农业科研单位提供必要的协助。

6.3 水分管理

6.3.1 需水量

一品红是需水量较大的植物，在生长旺期每隔1天就要浇一次水。水分的控制直接影响其生长和发育，浇水要见干见湿，生长初期气温不高，植株不大，浇水要少些；夏季气温高，枝叶生长旺盛，需水量多，每天早晚各浇水1次，同时还要根据天气和盆土的干湿情况，向地面喷水以增加湿度；春秋季节一般1～2天浇水1次。一品红对水分颇为敏感，水分缺乏时，叶片即下垂。若不严重，浇水后就会恢复；过分缺水，再浇水，则底部的叶片会变黄或整株枯死，但并非叶片下垂，就是缺水。生长期只要水分充足，茎叶生长迅速，偏干和偏湿均会引起不良反应。水分缺乏或时干时湿，会引起叶片脱落。浇水过多，叶片发软下垂脱落或造成烂根；浇水不足，叶片卷曲枯萎。何时浇水要视栽培基质而定，一般若表土的1/3干了，就应浇水。

6.3.2 水的质量

水的质量是一品红栽培成功的重要因素，影响水质的主要因素有EC值、pH值、碳酸盐、钠离子、钙离子及硼、氟、硫、铁等。铁和锰在水中以还原态可溶形式和氧化态不溶形式存在。若铁和锰的含量过高，应将水沉淀后再使用。钙、镁过量不会伤害植物，但喷在叶片上会造成盐分沉积，用酸处理可除去水中碳酸盐和碳酸氢盐。要求不带病菌，低电导率，同时Na^+和Cl^-的含量要低，以收集的雨水或采用井水灌溉为好，大的生产场多采用自制过滤系统供水。

▼过滤水设备

6.3.3 浇水方式

在小苗期，可通过喷灌的方式浇水，但随着植株逐渐长大或叶片伸展，叶表径流会造成灌溉水流失，容易造成水分不足。在生育后期不宜采用喷灌的方式，最好一盆一盆浇。当根系完全生长后，可以利用浇水来控制基质干湿，进而控制病原菌及菌蝇。

6.3.3.1 潮汐灌溉

潮汐灌溉采用底部给水方式，底部灌溉可控制给水量，让表土一直维持干燥，也可抑制菌蝇的活性，省时省力。用水泥做成的潮汐槽在开始用之前需要反复清洗，直到灌溉水的pH值和EC值正常。

▼平面建设的潮汐灌溉

▼利用大棚位置天然落差做的潮汐灌溉种植槽

▼传统的浇灌方式更费工、费水、低效

▼潮汐灌溉苗托

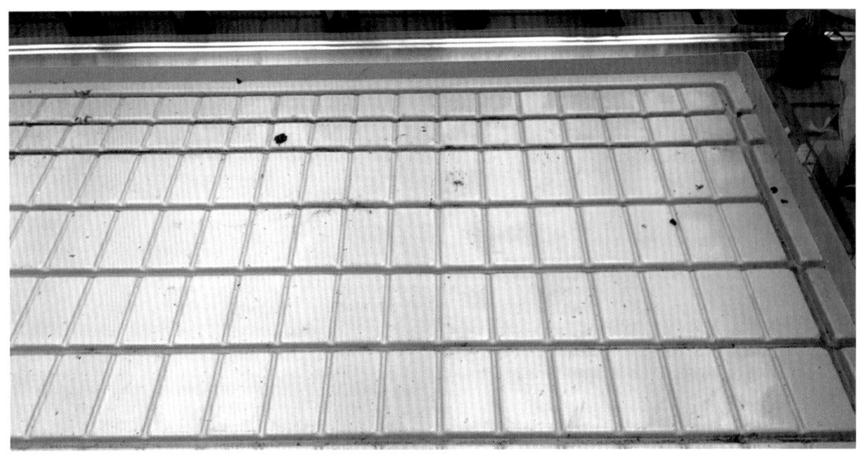

▼潮汐灌溉苗床

6.3.3.2 直接浇水

人工浇水耗水量大，盆土基质容易冲出，通气性较差，不利于根系的生长，温室大棚内的空气相对湿度高，病虫害严重。采用人工浇水灌溉耗用人工较多，但投资少。

▼人工直接浇水

6.4 肥料营养管理

栽培基质中肥料营养定义为在栽培过程中可以被植株利用吸收的部分，如硝酸盐、铵盐、锌、钾、钙、镁、硼、铁、铜、硫及钠等都视为基质中的盐类。当基质中可溶性盐的含量过低时，植株因缺肥而发育不良；而基质中含高浓度的可溶性盐也同样会造成生育不良。所以，在栽培过程中应通过电导率测量仪来测量基质的电导率值（饱和基质浸出液里，在盆底漏水测EC值），以判断基质中盐类含量的高低，确定施肥量。依据品种的叶片颜色，在最初几周可溶性盐的水平应为1.5 ms/cm，以后对于中绿型品种为2.0～2.5 ms/cm，对于深叶品种为1.5～2.0 ms/cm。当基质EC值太高，根组织会变黄。若EC值高于2.5，则可能出现肥害，应降低施肥浓度。EC值若低于1.0应加大施肥频率。

▼观察肥料沉积盘底，EC值可能偏高

6.4.1 一品红肥料管理

一品红个体生长量及养分吸收量受生长期温度及日照时数影响，尤其与生长期间的累计日照时数密切正相关。一品红插穗至开花盛期约需120天，其肥料管理对一品红的生长是非常重要的，其植物体内氮、磷及钾养分含量比值为11.2：1.0：17.5，其吸收量以钾最高，其次为氮，再次为磷。一般肥料管理可采用水溶性一品红专用肥，前期每隔7天用水溶肥（20—10—20）1500倍施肥一次，中期浓度加大到1200倍，花芽分化期用水溶肥（15—25—20）1000倍施肥。

（1）上盆至摘心期：一品红属需肥较高的植物，肥料的施用管理是相当重要的，采插穗直接扦插定植者发根完成后，幼苗移植定植者成活后，即应立即施肥。依据一品红生育日数及植株养分吸收量，可在基质调配混拌时，每盆（5寸盆）加入（15—12—13）配方复肥（奥绿肥1号：复合肥=1：1.5）2～3 g当基肥。深绿叶品种氮肥约150～200 mg/L即可，上盆2～3周基质要保湿使根正常。摘心后灌溉频率要减小，但水及肥量要增加，开始正常的湿－干循环管理。此时增加氮肥平衡，包括铵态氮（$N-NH_4$），此期也要尽早增加钙肥。

（2）摘心至10月中旬：此期要肥料充分以使植株强健，深绿叶品种氮肥200～250 mg/L，淡绿叶品种可用300～350 mg/L，此期还需要铵态氮，但约为40%以下。钙肥要持续，每周1次或3次，肥1次钙，喷施要用试剂级的氯化钙，以免叶焦枯，此期也需要微量元素。深叶系品种的微量元素只需1/3～1/2的量（每个月施1次就够）。开始铵态氮占总氮的30%以上，有利于叶片扩张。如果植株看起来有非常旺盛的叶片生长，到9月底铵态氮应降低到15%，并保持到10月底。

（3）10月中旬至11月上旬：此期肥不可含铵态氮，要改为硝酸态氮［KNO_3或$Ca(NO_3)_2$］，会使植株生长较强健，且需强健后准备运输。此时日照变短，天气变凉，需减少灌溉，使基质可较干些以强化根系。此期为苞片转色及伸展期，故要持续施肥。接着形成苞片及小花，11月5日之后要降低施肥浓度，pH值及EC值要持续注意。11月5日左右施用微量元素较重要，缺乏会影响幼苞片伸展，此为最后一个月施用微量元素。氯化钙每周还要持续喷，以强健组织，可防苞片边缘坏疽。使用展着剂或其他喷施辅助剂，可以促进叶片对钙的吸收，从而防止叶表面残留药剂。花芽分化至苞片转红期，氮、磷、钾比例调至正常，花期则应增加磷、钾含量，适当减少氮的含量。

（4）11月中旬至出货：施肥只可到11月中旬，植株要在前至中期就养壮，够支持苞片生长，之后浇清水以让基质的养分溶出以供吸收。接近开花时，增施磷肥，使苞片更大、更艳，但每次施肥都不能太浓，更不能施生肥。减少施肥可减少根受盐害，尤其在出货期间无法正常浇水会更严重。钙肥要持续喷施，可防苞片边缘坏疽。

6.4.2 缺素管理

对于一品红栽培过程中的施肥管理很难有一个完善的肥料配比方案，由于环境条件、植株不同生长阶段的变化，难以一成不变。了解每一种肥料元素对植物的生长及可能引发的问题，可以帮助种植者生产出高品质的一品红。以下所介绍的一品红的缺素症状，可为施肥提供参考：

表6-2　一品红营养缺素症状及改善方法

元素	缺素症状	改善方法
氮（N）	生长缓慢，叶片均匀黄化，成熟叶片浅绿或黄绿色，叶从基部向上脱落，生长迟缓，叶片明显变小，节间变短。	补充尿素等氮肥或施用含氮量高的肥。
磷（P）	植株色深绿而生长迟缓，叶脉间起皱，质地变粗糙，未成熟叶坏死；母株缺磷插条生根慢。	在栽培基质中配合使用奥绿肥301号或501号
钾（K）	叶片尖端区坏死或边缘变黄，或下部叶缘黄化、焦枯，由叶缘向脉间坏死，通常到生育后期会有较明显的症状。	生育后期施用高钾肥15+20+25
钙（Ca）	叶变暗绿，柔软、扭曲变形、坏疽。生长点发育不完全，新叶叶尖及叶缘枯死。	在我国北方地区，由于地下水的pH值较高，水中本身含钙量就相当高，因此不需要添加钙肥。建议在种植一品红前应先作水质分析，作为是否需要额外施加钙肥的依据。当叶片开始转色时，每2周喷施一次1500倍15+5+15+7CaO+3MgO溶液可减少苞叶坏疽的发生。

（续表）

元素	缺素症状	改善方法
镁（Mg）	成熟叶片叶脉间黄化，同时表面发皱。	用硝酸钙+硝酸钾类肥料，包含硝酸镁（例如14-0-14，13-2-13，15-5-15）。
铁（Fe）	幼叶均匀变白，淡绿色，但叶脉仍为绿色。	可能原因：过度灌溉，基质中可溶性盐分含量过高，排水不良，地下害虫及基质酸碱度过高，线虫为害等。需每2周补足一次15+5+15+7CaO+3MgO作为叶面喷洒。
锰（Mn）	顶部叶片呈网状，失绿，表面变粗糙。	栽培基质调配不当时，如pH值或EC值过高，易造成大量元素吸收受阻及锰等微量元素缺乏。
锌（Zn ）	植株矮化，较上部的叶片坏死，叶尖端有斑点状的污迹，幼叶畸形。	栽培基质调配不当时，如pH值或EC值过高，易造成大量元素吸收受阻及锌等微量元素缺乏。
硼（B）	植株矮化，生长点停止生长，茎、叶发育畸形。	施用硼酸钠
钼（Mo）	成熟叶黄化和边缘变为褐色，上位叶叶缘内卷且焦枯。	在生长后期，钼能使一品红苞叶增大且色泽亮丽。肥料里加钼酸铵或钼酸钠作为钼肥。
铜（Cu）	幼叶生长扭曲，生长缓慢。	栽培基质调配不当时，如pH值或EC值过高，易造成大量元素吸收受阻及铜等微量元素缺乏。

▼缺素

▼缺氮

6.5 温度管理

在我国华南地区栽培一品红，由于夏季持续高温、冬季时有寒流袭击，加上设施的降温、加温条件不足，设施内很难维持在理想的温度范围内，所以生产者常常会碰到异常温度下一品红的栽培管理问题。一品红生长最适温度在18～28 ℃，低于15 ℃或高于32 ℃都会产生温度型逆境，5 ℃以下会发生寒害。三种温度会影响一品红的生产，每日均温影响叶及花的发育，日夜温差影响茎的伸长，高夜温会延迟一品红的开花。在短日照条件下，花芽分化的最适夜温为21 ℃，温度高于21 ℃，会阻碍花芽分化。在生育后期，温度降至18～20 ℃，有助于苞片的转色，减缓花序成熟的速度，减少提早落花，延长其货架寿命。日夜温差数值还对一品红的节间长度有影响，日夜温差数值大，节间长度变长；在生育积温下，平均温度愈高，净生长速率越大，而在同一平均温度下，若日夜温差为负值，会使茎节缩短，及较紧密之株型，目前在温带地区温室栽培上常常使用，但此方法在亚热带地区不适用。

6.5.1 高温对一品红的影响

由于全球变暖现象，高温对一品红生产的影响可说是与日俱增。对一品红之生产地区来说，华南地区是相当特殊的地区，由于气候条件高温多湿，迥异于美国及欧洲。如何克服温暖气候不利的影响，成为生产一品红面临的挑战。

6.5.1.1 高温障碍表现

一品红开花质量取决于营养生长时期植物所蓄积的养分和健康状况，但一品红营养生长的时间在夏天，在华南地区栽培一品红普遍会遇到夏天的高温问题。近来因高温影响植株生长而延迟正常开花时间等生育异常问题，有愈来愈严重之趋势。特别是在温室生产，夏天高温障碍使得一品红营养生长质量下降，出现不分枝、畸形叶、盲芽、坏根、徒长、消蕾、生长受抑制以及病虫害发生等问题。

分枝性　在高温环境下，有些品种会出现失去分枝性的特性。在30 ℃高温环境下，叶片生长受到抑制，产生畸形叶，出现盲芽植株的生长点停止生长，发生“自然摘心”的现象。

植株高度表现　植株生长过快，形成徒长枝，若持续徒长，其高度控制就很困难，开花期遇到高温更容易出现徒长。这是由于植株进入生殖生长后，不能使用矮壮素控制株高，因而整体株型受到破坏。促成栽培使高温障碍更加明显，如国庆节时市场对一品红需求较旺，生产者会在夏季进行遮黑处理，制造人工短日照效果进行促成栽培；然而在夏季以黑幕进行遮黑，使得黑幕内积热增加，同时又缺乏通风，更容易形成高温，导致徒长等症状发生。

植株生长表现　高温下植株停止生长，生长受抑制，既不长叶，也不开花，易产生消蕾现象，苞片转色延迟。深绿色的叶片含有较多的叶绿素，对营养吸收的效率会比浅色系佳，比浅色系的品种较节省肥料。但深色系的一品红会吸收更多的热能，在夏季高温时更容易产生高温障碍。

病虫害表现　高温逆境使植株的抵抗力降低，同时高温有利于病虫害的蔓延。如粉虱在高温时迅速繁殖，严重时会感染整个枝条和植株，使枝条变成全白。

6.5.1.2 高温障碍改善方法

从原产地来看，一品红生长适温为18～28 ℃，低于15 ℃或者高于32℃都会引起生理逆境，进而影响其生长与观赏品质。一品红原产地的环境要求白天温暖、夜间凉爽、阳光充足、气候干燥。种植优质一品红的环境条件应是越接近原产地越好，然而产地与原产地的气候条件仍有一定距离，只能在设施条件和栽培管理上进行改善，使一品红能在最有效的人工环控条件下，获得质量最佳的效果。

1. 设施管理

夏季温室内，由于热量的累积，温度达到35～40 ℃，造成一品红生长缓慢或不长，甚至引发大量病害，给管理带来很大困难。为了降低热积累，可通过在距温室顶50 cm处加盖一层白色的铝网，白色铝网有助于光的反射，降低光的密度，以达到降温效果。但在温室内温度允许的条件下，给予充足的光照才能避免徒长发生。喷雾系统适合于气候较干燥的产地，喷雾也能使叶温下降，但需注意不可让温室湿度过高，以避免病虫害发生。在湿度较大的产地如华南地区，可以选择使用风扇水帘系统，降温效果最佳。

高温可通过施用生长调节剂来平衡。北方使用矮壮素，如果天气炎热，结合B9使用。南方使用矮壮素+B9，多效唑，尝试用乙烯利作为早期生长调节剂。

相对于将盆栽摆放在地上，种植在床架上，有利于盆与盆之间的积热散去，对于根温的下降很有效。一般选用浅色容器盆栽，可避免花盆吸收过多热能。还可以通过增加温室的空气流通，给室内地板洒水，给叶面喷雾等手段，达到降低室内温度，减缓对植物的热压力的目的。

2. 品种选择

选择新的耐热品种以适应气候条件，使降温、矮壮素的成本和风险降低。如品种威望和金奖，能在高温环境中下持续维持自然分枝性。

6.5.2 低温对一品红的影响

6.5.2.1 低温障碍的症状

低温障碍的一品红表现为生长缓慢，苞片和叶片相对变小，根系活动减弱，吸收水分、养分的能力下降，叶片黄化，使得株型细小，延长苞片的发育时间，最后使生长周期延长，不利于如期供货。如果成花期温度为16～17 ℃，深颜色叶片的白色和粉色品种，将分别变成奶白色和橙红色。

由于根部活动减少，基质持续保持湿润，有利于腐霉菌的繁殖，将会使根腐病、茎腐病等病害发生。在高湿环境下，也会导致昆虫幼虫的孳生繁殖，加速灰霉病散播，易造成叶片、苞片感染，降低出货时的商品价值。

6.5.2.2 低温障碍改善方法

增加温度同时增加光照，也可以增设加温机，确保温室温度在10 ℃以上。由于植物停止生长，保持良好空气循环以控制湿度，保持根部健康避免感染病害。调节浇水时间，保持苞片、叶片干燥，避免苞片和叶片上产生积水，以免灰霉病感染。而冬季时，使用铝网可释放白天吸收的热量，提高温室的温度。

6.6 湿度管理

湿度并不直接影响一品红的发育，高湿会使蒸散作用减少，使基质干得慢。这种较湿的环境使水分逆境减少，因此叶片较大且生长势弱，高湿也会使叶片蒸散降温能力减少。相反，低湿使蒸散降温能力提高，即使在高光下，植物及温室也不易过热。另一个问题是高湿（75%以上）引起病原菌的孳生，如疫病、灰霉病、白粉病及其他细菌性病害在高湿下易感染植株。冬天病害率特别高的原因在于通风不良、薄膜上凝结的水珠滴到叶片及花上、夜间的低温使叶片上凝结水珠。解决方法是保持夜间温暖，用除湿机、加温机等降低湿度，风扇通风也可以带走植株周围饱和的水汽。特别是在生长后期，多云、下雨的天气条件下，在日落以前，要通风除去温室内的湿空气。间隙越密，湿度控制越重要，同时加热和通风是必要的。空气流通可改善生长环境，盆间不能太拥挤，以利于通风，避免徒长。一品红最适相对湿度为70%～75%，花芽形成至开花湿度稍低（以50%～70%为宜）。

6.7 光照管理

一品红喜欢阳光充足的气候，在温室内温度允许的条件下，尽可能给予充足的光照。光照对植物生长来说是很重要的因子，因为它关系着植物的光合作用。一般来说，南方也意味着高光照、高昼夜温度、高湿度；北方意味着弱光照和较低的昼夜温度。光照太弱易引起植株枝条细长、瘦弱、节间拉长、叶面较大、延迟开花及引起提早落花等不利的生育现象。但也不能直接在阳光下栽植，否则叶片和苞片变小，叶缘焦枯，生长缓慢。

6.7.1 光强

对光强度来说，一般低光强度下会使侧芽优势较强，而使茎较易伸长，高光强度下则相反。采穗母株有最高的光需求，而扦插繁殖时的需光度最低，然而光照度过低会延迟发根，扦插第一周光照度应为10000 Lx，以减少水分逆境的发生，产生愈合组织及发根时，光照度可渐升到20000 Lx，繁殖末期到移植前，光照度应升到30000 Lx，以强化植株。移植后光照度用30000～40000 Lx，光照度在此时期影响侧枝发生及茎强度。九月后的低光照（低于30000 Lx）会使侧枝软弱，使11～12月运输时侧枝易折断，并适时调整株行间距增加植株空间光照。秋天光照度下降时，遮阴网应移去，如果温度还很高，10月中旬再移去遮阴网。出售前降低光照度，以20000～36000 Lx为宜。

▼光照过强引起的日灼

6.7.2 光周期

一品红为典型的短日照植物，花芽分化受日照时间的影响。当夜温低于21℃，其临界日长为12小时20分，就是说当日照的时间短于12小时20分时，花芽开始分化；当日照的时间长于12小时20分时，花芽停止分化。在长江以南地区，其临界日长的日期为9月下旬；而长江以北地区，其临界日长的日期为9月中旬。因此，在自然条件下，一品红都是在秋天开始花芽分化，圣诞节左右开花，具体日期受个别环境的差异而略有不同。因此，可以通过这个特性来进行花期调控。

6.7.2.1 抑制栽培

通过加光中断长夜（暗期），以达到中断花芽分化，推迟花期的目的。在植株上方1 m，平均2 m区域悬挂一盏60 W的白炽灯，光强度为100 Lx，于夜间22:00到凌晨2:00，约4小时进行开灯加光，就能阻止植株进行花芽分化。

6.7.2.2 促成栽培

通过盖黑幕模拟太阳落山，增加夜长时间，每天约14小时的暗期，即每天下午18:00起直到第二天8:00止，进行黑暗处理，持续这样的夜长到开花为止，如夜温高于21 ℃，暗期将更长些。

6.7.3 光质

光质的影响则较复杂，一般而言，紫外线会抑制株高，而远红光则有促进茎伸长的趋势。红光有利于促进侧枝的生长，推迟花期3天，提高花头的观赏品质。黄光有利于光合速率的增加,对侧枝的生长表现出前期促进、后期抑制的现象，虽然对花期无明显影响，但降低了花头的观赏品质。蓝光有利于抑制侧枝的生长，使花期提前7天，但对花头观赏品质无明显影响。夜景照明光污染也对一品红生长有影响，如路灯下的一品红会推迟花期甚至不开花。

6.8 母株管理

一品红生产用的优质插穗和种苗均由采穗母株提供，母株的健康、生长速度及分枝性在此时期备受关注。母株建议由专业种苗公司以最适合的环境生产插穗，插穗或生根苗则在3～7月供应生产者。母株生产初期（3～4月）由于温度不高，奠立生长基础，随之而来的5月后高温，刚好为生产插穗的高峰期，异常的高温易造成叶片畸形及分枝减少。此时期的重点应是避免根部温度过高，应控制在30 ℃以内，以维持根部对水分与养分正常吸收的功能，以避免根部因失去功能而造成肥伤或腐霉病及受疫病为害。

为维持健康无病虫害，母株应在防雨设施下栽培，最适夜温为20～21 ℃。优质母株插穗应补充光照以维持长日照环境，一般补光到5月初较为保险，以防止花芽分化。做暗期中断处理，利用60 W电灯泡，置于植株上方100 cm处，每个灯泡间隔120 cm，即可给上位叶提供约100 Lx的光照度以维持母株营养生长，亦可用间歇电照省电但每小时要照20分钟以上。母株栽培时光强度则可控制在30000～50000 Lx。此期温度以18～27 ℃较适宜，低于15 ℃及超过30 ℃则易造成生育不良及插穗质量降低，故应有适当保温及降温设备。

越冬母株在4月出棚时要进行换盆，换上新的基质，可以用腐叶土4份、园土2份、堆肥或饼肥1份混合而成。同时结合换盆进行修剪，将弱枝全部去掉，粗壮枝每枝保留2～3个芽，若枝条少于3个芽时，每枝可多保留2个芽。上盆换盆后要浇足水，用遮阳网遮阴或置于荫蔽处，10天后逐渐移至阳光充足处进入正常的管理。采穗母株应渐进换至15～30 cm盆，最后也可以大盆方式销售。可于苗床或置地上管理，定期摘心整枝，可生产出质量较佳的插穗。

插穗母株定植后7～10天即可摘心，使近基部侧芽萌发生长，并定期摘心整枝，可生产质量较佳插穗。母株取插穗完成后，也可让其当年再开花以供销售。原则上应选植株性状及生长势良好的母株，且适当地留存侧枝，各侧枝的长度应大致相同，并注意控制株高及保留合适的生长空间。

▼母本园短日照期间要挂灯补光处理

▼采用滴灌的母本园

▼种植于花托之上的母本园

▼去除弱枝的母本

▼重剪复壮的母株

▼空中架槽种植的母本

6.9 种苗管理

根据上市时间选择合适的品种进行生产，因不同品种、不同规格的一品红的扦插定植日期不同，应要求种苗供应商提供其品种的生长特性。通常，供应国庆节市场，其扦插时间应在4～5月，定植时间应不迟于5月；供应圣诞节市场，其扦插时间应在6～7月，定值时间应不迟于8月；供应春节市场，其扦插时间应在7～8月，定植时间应不迟于9月。由于栽培品种、栽培形式和栽培气候环境的差异，扦插、定植时间应适当调整，株型越大，时间越要提前。尽量提前定植，特别是对于紧凑型品种，要让植物有更充分的时间生长以避免花期延迟，必要时随时减缓作物的生长速度。

种苗对于种植者来说是一个重点，优质、健康的种苗是生产高品质盆花的关键。扦插成功最重要的条件是环境的清洁卫生，扦插育苗的温室不受病虫害感染，甚至要彻底消毒。

繁殖时的需光度降低，然而光照过低会延迟发根，扦插第一周光照度应为10000 Lx，以减少水分逆境的发生，产生愈合组织及发根时，光照度可升到20000 Lx，繁殖末期到移植前，光照度应升到30000 Lx，以强健植株。

6.9.1 插穗采集

依产品大小及出货时节决定栽培时期，国内一般在5～9月分批采穗，插穗以顶芽为主。插穗的成熟度影响生根，太嫩或者太老都不易生根，最佳的是初次打顶后5～6周发出的芽。插穗的长度为4～5 cm，保留2～3片成熟叶。采摘插穗时要使用干净、锋利的刀子或剪刀。剪口距离最近叶柄0.5～1 cm，剪口平滑，否则就不利于愈合，甚至导致腐烂；剪取的插穗立即放入0.1%高锰酸钾溶液中消毒并除去乳汁。切下的插穗如不能立即定植，应用湿水的报纸包好，放置于18 ℃左右冷库或空调车，保存时间不应超过12小时。

▼短期放置插穗的空调车

▼空调车内部构造

6.9.2 生根处理

生根剂可增加生根速度及整齐度，可用IBA 2.5 g/L或IBA 1.5g/L添加NAA 500 mg/L的液剂或粉剂，也可用市面上销售的生根粉。用直接醮配好的生根粉处理插穗基部，然后立即扦插于装好花泥或者泥炭的穴盆中，放置时间不宜过久。

6.9.3 扦插方法

基质以不含肥的进口育苗泥炭或者专用的扦插花泥为佳。进口育苗泥炭土50%～60%，加上珍珠岩40%～50%。以扦插花泥较方便，不但清洁、吸水快、排水好且不易受菌蝇幼虫为害，基质要求保水保肥性强，透气性好。定植前浇透水，定植深度为3 cm左右。扦插结束摆放整齐后，整理叶片，使顶芽露出。苗期由于株型较小，可采用并列摆放；一品红生长较快，应及时增大其间距，摆放的密度以植株间的叶片不相互交接为标准。

▼定制的穴盆和扦插花泥育苗

▼常见的扦插花泥育苗

▼小盆泥炭土单节扦插育苗

6.9.4 扦插后期管理

及时遮阴和喷雾，保持通风及防雨。理想的做法是白天使扦插苗的叶子时刻保持凉爽和湿润，喷雾的次数与水量应视外界的天气条件而有所调整。在高温季节除叶面喷雾外，还应采取地面洒水等降温措施。扦插10天后，在插穗基部逐渐形成愈伤组织，即可开始例行的施肥，使用10000倍（30—10—10）水溶性肥施肥，新叶成熟后可加大浓度。扦插15～20天后，数条根系长出基质外围即可出圃。在插穗移出扦插苗床之前4～5天则应适当停止喷雾，以达到壮苗的目的。

间歇微雾喷灌系统是很好的扦插设施，喷雾主要是维持叶片上的水膜降低插穗水分的丧失，维持接进100%的湿度，喷雾并不是浇水，理想的喷雾不会造成介质太湿的问题。喷雾一般只在白天进行，但扦插后2～3天的夜间需要进行夜间喷雾，尤其在扦插初期3～4天频度要密集，之后可渐放宽。介质温度控制很重要，低温期应加温至21℃左右，高温期应降温至25℃左右。温度过低，采用加温和覆盖塑料膜的方法；温度过高，采用双层遮阳网、通风换气、叶面喷雾和地面洒水等降温措施。扦插时高温、高湿及高肥则易造成茎节的抽长。

扦插基质的含水量以50%～60%为宜，空气湿度保持在85%～90%，理想的做法是使扦插苗的叶子保持凉爽和潮湿，但不要出现水渍，喷雾的次数与水量应视取穗时外界的气候条件而有所调整。扦插介质应通气排水良好，如扦插介质太湿，介质在低含氧情况下易造成愈合组织膨大对发根并无帮助，且容易形成病害及菌蝇问题。

扦插后8～10天，即可以100 mg/L 浓度（20—10—20）液体肥料施肥。扦插后依品种差异，18～21天完成发根，21～30天后达到定植上盆的标准。生长势强的品种在发根后可施用生长抑制剂，以控制节间的抽长。扦插介质使用前可喷杀虫剂以防治菌蝇，要维持扦插室环境的清洁，不要有藻类滋生及植物残体留置，可施用熟石灰及硫酸铜控制床架下及走道上的藻类及菌蝇。

▼泥炭穴盘扦插

▼保持扦插苗叶片湿润

6.9.5 扦插异常情况

优质种苗的标准是：生长势好，健壮，无病虫害，根系发育良好，苗高适中，叶片完整、平展、无畸形、无损伤、无黄化。常见扦插异常情况有：（1）愈合组织褐化，原因可能是喷雾不均匀、介质过干、肥料过多、杀菌剂、病害、害虫为害所造成；（2）硬化生长，发根后放在插床过久；（3）叶片刮纹，深色系品种较易发生，主要是扦插时挤压受伤或破损所形成；（4）黄叶，淡色系品种较易发生，插穗遇高温或养分含量少时易产生。

▼扦插期间保持叶面湿润，注意通风

6.10 直接扦插上盆

直接扦插至商品盆中可节省劳力成本，也可缩短1周的栽培期，但空间要大，喷雾设备需配合，介质要排水良好，也要适度保水。当愈合组织形成后，插穗可开始少量吸收水分，喷雾次数可渐渐减少，到第4周单喷雾可能无法充分供应水分，应以浇水取代喷雾。生长势强的品种在发根后可施用生长调节剂，以控制节间的抽长。

一般扦插上盆10～14天之后根系开始生长。当根开始形成后可渐渐降低喷雾次数、提高光照度及增加通风，也可施用较稀薄的液体肥料或杀菌剂。

▼直接扦插上盆

6.11 小苗定植后的管理

定植生根苗，把盆土先装好，浇上水。用两个指头挖个洞，然后轻轻地把植株种入。盖上介质至种苗原土上方1 cm，种苗原土与介质面相平或高出一点，浇上杀菌药剂。然后改善栽培环境，促使根系健康、快速生长。观察植株根部和叶片的生长状态，密切监视病虫害的动向。高温时通过喷雾或洒水增加棚里的湿度，这样持续2周，然后慢慢降低温度，减小湿度，其间视情况给以20—10—20液肥灌根或喷施叶面肥和施矮化剂进行矮化处理。一品红在高度遮阴的环境下，茎容易软弱徒长，叶片不够深绿。可提高设施内光照度，允许较多的光线透入，以浇水、风扇及水帘改善温度过高的问题，其中在中午时浇水，可降低根部温度，让植株在中午高温下仍能正常维持。

▼夏季采取雾化增湿降低温度

6.12 摘心管理

在定植 7～10 天之后，可观察到根系已长出基质外，这时可以摘心。摘心是为了促进分枝数增加，尽早摘心可使最多的光线到达茎最下层的部位，使下位之侧枝向上直立生长，以减少下位枝条软弱，或横向生长所造成生长后期茎的断裂。摘心后配合除去幼嫩叶片的叶身，只留叶柄，让光更好地照射植株，可促进全株枝条整齐及平均生长。摘心时留5～8个叶节，然后再度改善环境到昼夜温度，经常喷雾增加湿度，这样持续2周左右（定植30～40天后），看到芽长出，这期间可根据植株的整齐度、丰满度进行二次摘心，补充养分结合用矮化剂处理。9月中旬最后一次打顶。

对于5寸（直径150 mm）花盆，每盆1株，在植株达到5片叶子时进行摘心。可以形成4～5枝完全发育的枝条。对于7寸（直径210 mm）花盆每盆一株，每株的枝条保持在6根比较适宜，在考虑到最终会有1～2根枝条并不最终完全发育，以及上盆时可能有部分叶片落掉，所以建议在植株达到7片叶子时进行摘心，这样比较容易达到理想的枝条数。相对较大的容器（如10寸，直径300 mm）可以采用多株定植。与7寸花盆相比，此时的摘心可以相对较高一些。比如10寸花盆，每盆定植4株，总的苞片数达到28～30片者就可以在单株为8～9片叶子时进行摘心。

摘心以后7天到成品前4周，均须保持充足的光照，促进侧枝和主干的生长，从而形成更强壮的植株。

▼强打顶

▼轻打顶

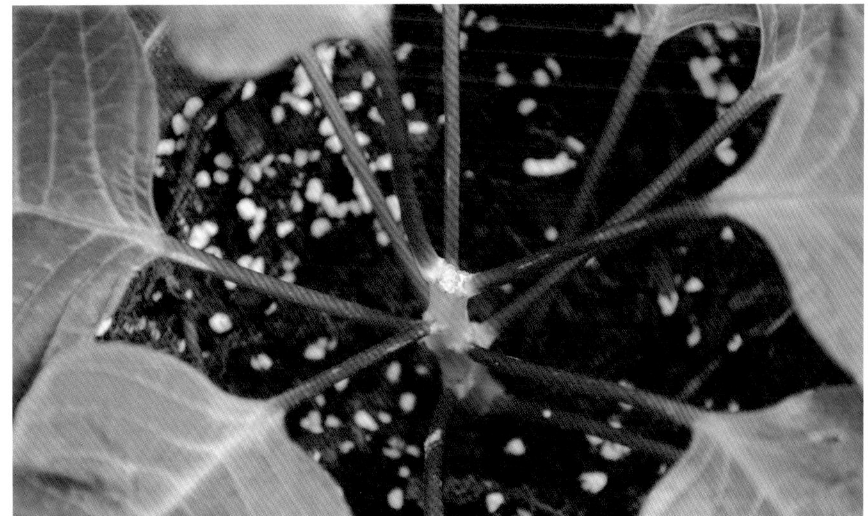

▼强打顶（左盆）与轻打顶（右盆）发芽效果对比

▼二次打顶

二次打顶

打顶摘心后出芽整齐

6.13 生长调节剂的应用

一品红盆栽的株高是决定外观品质是否优良的重要条件。其植株大小与盆器尺寸需呈均衡比例，平均株高宜在盆高的1.2～2倍范围之内，才有最佳平衡视觉感。生长势中等品种从生根到短日处理的第3

周，生长趋于旺盛，而且顶部3～4个优势侧枝比低部侧枝生长速度快，必须通过控制其生长速度才能获得圆球形且强健的植株。定期采用生长调节剂对植株进行调节，以保证植株形态呈理想的“V”字形。每周观察植株的生长高度，并与预期的理想值进行比较以调控植株的生长情况，植株生长越密实将来的分枝也会越均衡。可用生长调节剂防止或控制节间伸长，节间伸长主要受环境温度、光照、水分等环境因子影响。

目前常用的矮化剂是矮壮素和多效唑。矮壮素较易使叶片灼伤，且要在多次施用下才能有效控制株高。通常最适合使用的浓度在1.0～2.0 g/L，整株喷施。通常于摘心前10天喷施一次，摘心后15天再喷施一次，25天后视效果再决定是否加施一次。B9药性温和，但效果差。通常把B9与矮壮素混合使用，使用的浓度为矮壮素（500～1000 mg/L）+B9（1.5～3.0 g/L），喷施叶片易有短暂药害，需施用两次以上，但两种混合物应在花芽分化前使用。花芽分化后使用，会减少苞片大小。多效唑药效较强，使用较低浓度即有良好效果，叶片也较不易受药害，但浓度过高则抑制效果太强反而有不利影响，通常也会使苞片缩小，通常最适使用浓度为5～15 mg/L，叶面喷施5～10 mg/L或8 mg/L一次足矣，灌根2～5 mg/L一次，在摘心之前使用多效唑药效长久。配制溶液时，需要精确测量其用量，还要随外界温度、植株生育情况及株型来做浓度的调整，宜先进行少量测试再使用。处理时间安排：第一次在摘心前的3～5天；第二次在摘心后的5～7天；第三次在处理与此间隔1周时间。当矮化剂使用过量时，可增加氨态氮或尿素态氮的使用，削弱矮化剂的效果。

6.14 拔心整形

一品红植株最后一次打顶后，茎段侧芽长到8 cm时，人工反复拔心定型。

▼人工整形，使露出中心不被叶片遮挡，形成圆球形树冠

▼去除遮挡中心位置的叶片

▼整形后的效果

6.15 开花阶段健康管理

一品红属典型短日性开花植物，其临界日长为短于12小时20分钟，亦即临界夜长为长于11小时40分钟，开花机制会被启动。北半球一般在9月20～25日后即符合花芽分化起点，早花品种的花芽分化起始比中性及晚花性品种早。由于中国地域辽阔，各地达到临界日的日期各异，南方地区的临界昼长常出现在9月中下旬以后，北方地区的临界点出现在9月中旬左右。在自然光照条件下于11—12月开花，若要提前或延迟开花，就要对一品红进行花期调控。因此可利用这一特性，在“五一”“七一”“八一”“十一”等节日开花。

在10月中旬到11月上旬之间，光照强度保持在4万～5万Lx水平，可以促进苞片变色并且充分生长。为了获得最大的苞片，苞片膨胀期的夜温应在18～22 ℃。生长期间最后2周的日夜温度可降到16～17 ℃，加深苞片的颜色。在苞片形成期，通过降低温室湿度，植株摆放间距合理、通风良好，尤其是在低温阶段，可以防止晚期灰霉病病害的发生。此阶段除非是气候不正常之后的节间伸长，尽量少用生长调节剂，特别是10月中旬之后。

进入短日照时期，花芽开始分化，以一品红专用肥15—20—25为主，增加磷肥、钾肥，降低氮肥，给于充足的养分，以促进其茎干强健和苞片的增大。最后2周的氮肥含量应保持在50～75 ppm低浓度水平。如果一品红在这段时间出现缺氮现象，如叶片呈现浅绿色或黄色时，叶面面积变小，应及时用20—10—20液肥600～800倍补施几次即可，在出货前一个月应减少液肥的使用次数，并将光照强度降低到20000 Lx以下水平，以利于出货。后期用药尽量选用水剂而非粉剂，可以减少叶面残留药斑。

▼用细竹枝固定花枝，防止花枝断裂

6.16 花期调控

6.16.1 花期促成栽培

若要提早于10月开花，植株在摘心后侧芽生长还是需在长日下2～4周，之后则可以进行人工黑幕短日处理，从17：00～ 18：00开始处理，直到翌日08：00～9：00将黑幕打开，使暗期维持14～15个小时，以促进植株进入花芽分化，一般短日处理2～2.5个月即可开花。注意遮光要严密，若有漏光便达不到预期效果，一般100 Lx左右的光照强度就能阻止花芽分化、发育。短日处理期时暗期温度尽量在25 ℃以下。中熟及晚花品种也可以人工黑幕短日处理，以促进提早上市。当温度太高时，晚间22:00至翌日2:00之间，最好能把黑膜拿掉，给植株通风透气，避免叶片因温度过高而引起的枯黄，并且这样做也有利于花芽形成。这样处理22～28天，花芽分化完成，可看见植株枝条顶部花芽明显膨大；35天左右苞片开始变红，当枝头苞片有一片完全变红时就可停止遮光处理；60～70天时一品红进入盛花期。由此可根据需要开花时间推算植株开始处理的时间，如需国庆节期间开花，在7月中旬处理为佳。短日照处理时间长短取决于不同品种的感应期，8～10周可以销售。

对一品红进行遮光处理期间需要注意的事项：

（1）必须严密遮光，如有漏光则达不到预期的效果。

（2）要控制好遮光时间。温度在25 ℃以下时，早熟种以45～55天为宜。晚熟种以55～65天为宜。遮光处理要连续进行，每天不间断，若间断，前期处理不起作用。

（3）要注意气候条件的影响。在气温升高到35 ℃以上时，下午浇完水后应在地面喷一次水以降温，且在晚上20:00以后，可将棚架打开一点，进行通风降温，经2～3小时后再关闭。

（4）增加施肥量。在遮光处理期间，应适当增加施肥量，每7天追肥1次。

▼分级后准备出货的盆栽

6.16.2 花期抑制栽培

延迟开花主要应用夜晚加光来实现。一般只要在植株高度周围有100 Lx的光照强度就能阻止花芽分化，在晚上22点至翌日凌晨2点间加光处理效果好。例如“自由红”品种的自然花期约在11月11～25日，若要延后花期至11月底，则应在9月5～25日行暗期中断处理。若要再延后于12月初开花，则应在9月5日至10月5日行暗期中断处理。若要于翌年1～2月开花之时处理，于9月初开始利用电照使暗期中断，直到10月底～11月初关灯，经2.5～3个月即可开花，后期温度应维持在15 ℃以上。

▼电线绑在竹杆的示意

▼串连的白炽灯泡

▼竹杆支撑电线固定白炽灯泡

▼利用高压钠灯控制花期

▼出货前适当遮阴

第七章 一品红采后包装与选购

7.1 种苗包装

一品红繁殖的无根插穗通常在欧美等国家采集，空运到国内。通常从母株收获的顶芽收割开始，然后包装至塑料袋和纸板箱中用于递送。从收割插穗到温室适宜定植的时间是48～72小时。运输过程中的延误或冷链管理不善可能导致叶片萎黄，叶片脱落，生根延迟和真菌感染。建议使用螯合钙或水杨酸处理插条以提高一品红插穗对物理伤害的抵抗力。生根种苗包装运输与插穗相似。

▼分级挑选合格的种苗

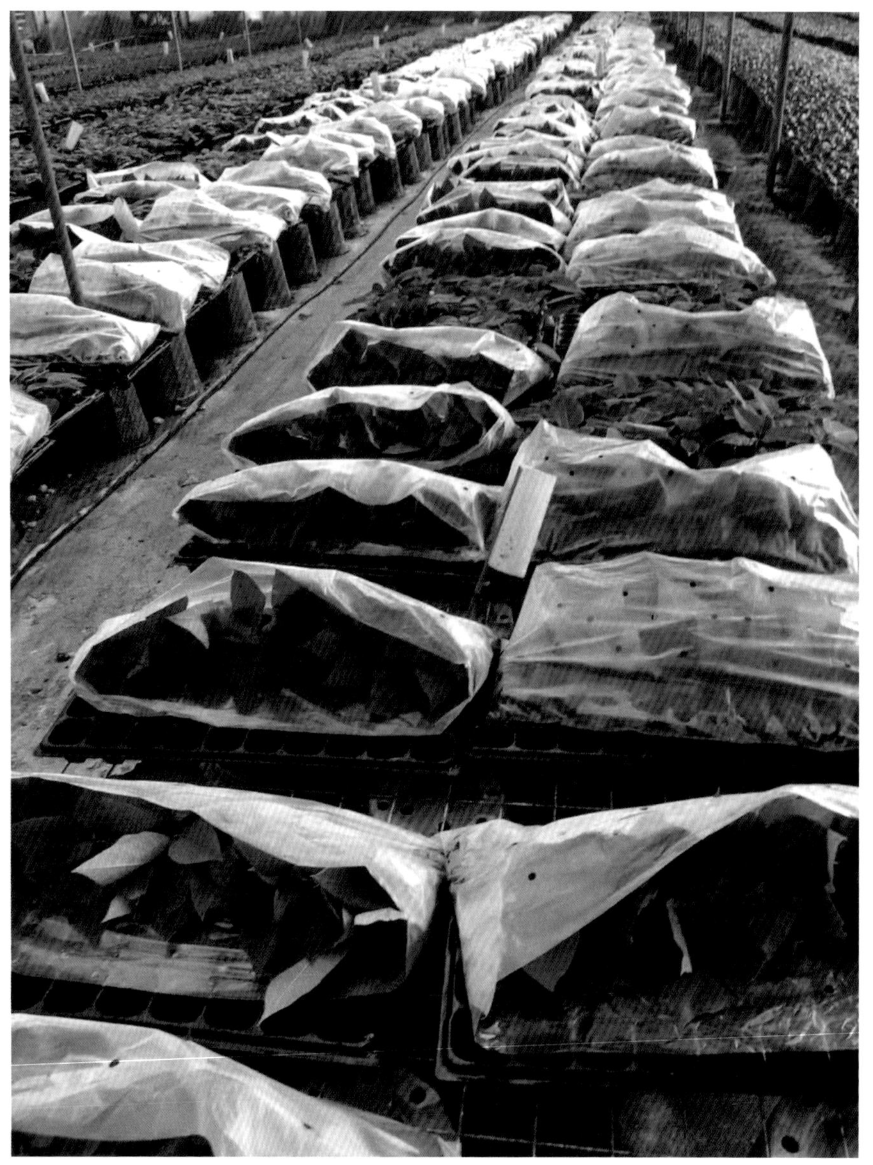

7.2 盆栽包装

一品红盆栽需长途运输，在采后贮运和处理过程中，光照强度、温度和湿度等常与正常的生长环境条件有差异，易引起其观赏价值降低。品质下降表现为：叶片黄化和脱落、苞片花色变淡、小花变黄脱落和机械损伤等，所以出圃前后的管理非常重要，对植株品质的保持及货架寿命影响非常大。建议从以下几方面注意：

（1）运输时间超过1天时，在包装前要喷施一次杀菌药（如扑海因、施保克等），注意选择残留少的杀菌剂，另外喷药后一定要等到植株彻底干透后才能包装。（2）一般装车前一天应淋透水，待基质中等湿润时套袋、装箱。（3）运输时要套袋以防止机械损伤，不过由于套袋也会使一品红植株释放的乙烯不断积累从而导致叶片和苞片下垂，并且套在袋中的时间越长，苞片叶片下垂情况就越严重，因此到达后须立即除去包装。（4）一品红在袋中的时间越长，恢复所需的时间越多。如果时间太长就无法恢复。因此运输时间要尽可能短，最好不超过3天。（5）运输温度应尽量保持在12～18 ℃的范围内。温度太高会使叶片、苞片下垂现象加剧，太低容易导致苞片受冻害，表现为苞片颜色发蓝或变白。

一品红盆栽包装包括运输用包装箱、专用套袋和卡板等。产品的规格是包装的前提。高度、冠幅的大小要做到统一才不会因浪费空间而造成运输成本增加。包装箱规格纸板要有足够抗颠簸及抗压的硬度。包装箱的净高度以植株连盆高度再加上4～6 cm为宜。内箱的长和宽以盆径的倍数来计，但以一个人能方便搬运的尺寸、重量为宜。一品红专用套袋的材料应选用质地柔软的包装纸、无纺布或塑料。直径大于盆径3～4 cm，长度应比植株叶片和苞片高出3～5 cm。

▼待上市出货的一品红

▼挑选达标的盆栽打包装

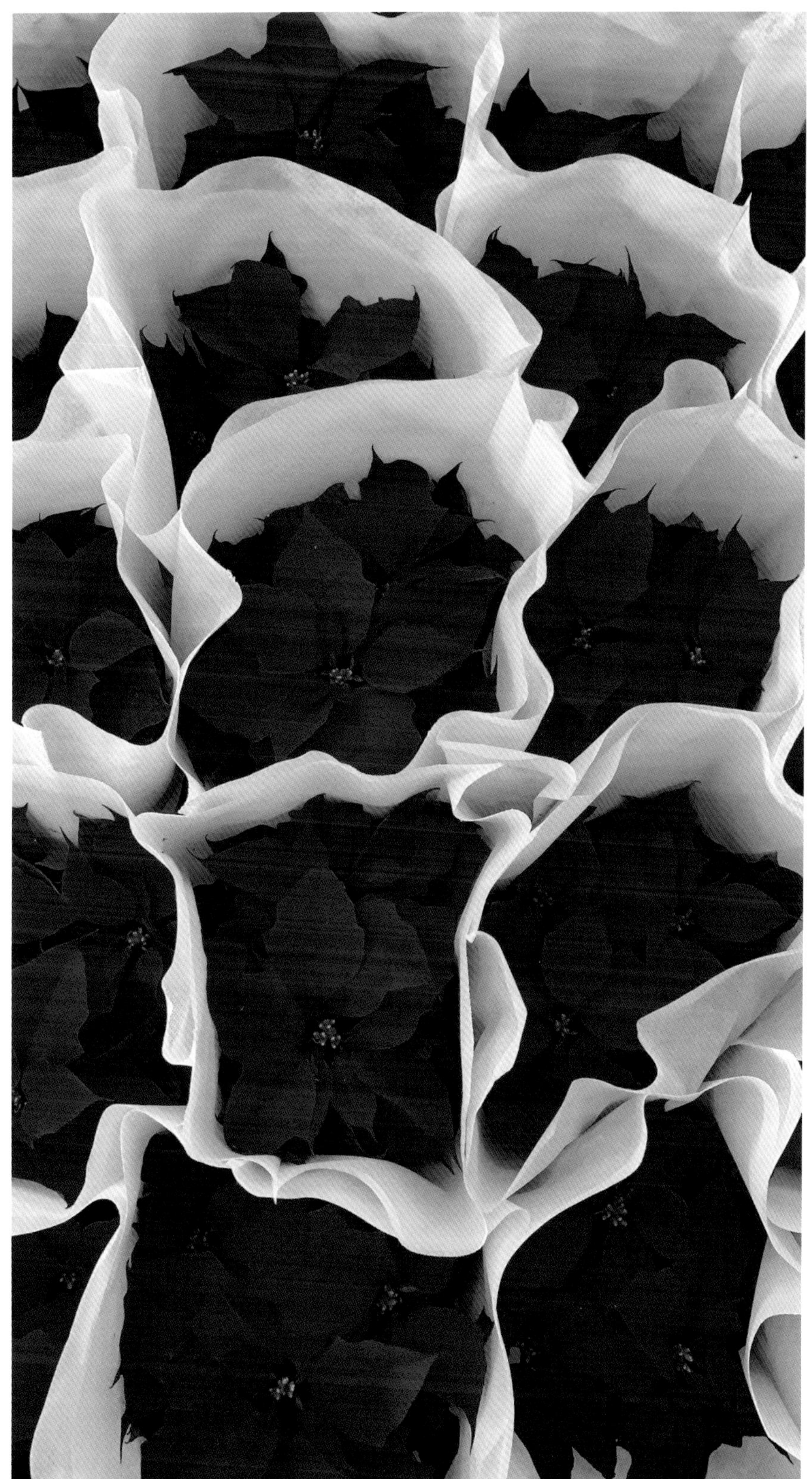

▼无纺布包装的盆栽

▼塑料袋包装的盆栽

▼打好包装箱的盆栽，箱中有四条竹杆支撑

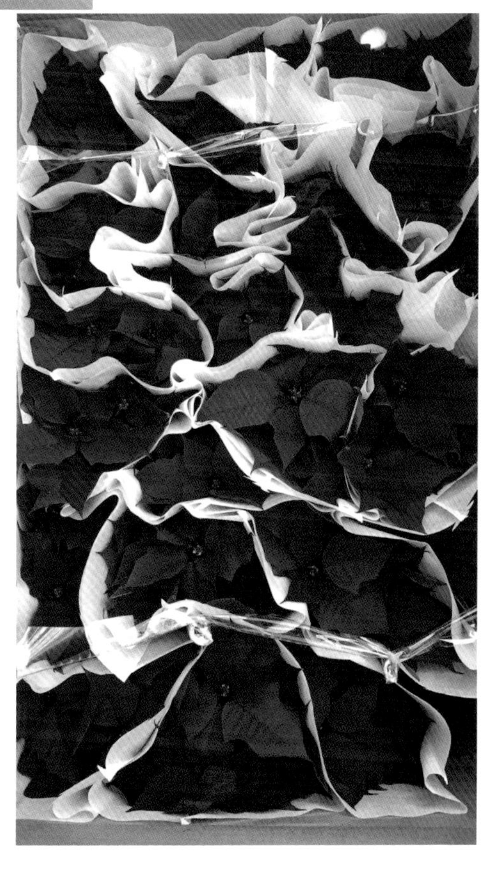

▼多个花色拼一箱

7.3 运输方式

国内花卉运输通常包括空运、公路、铁路运输等方式。空运的运输成本较高，但由于运输时间短，产品质量基本不受影响。公路运输是目前盆花运输最流行的方式，运费仅为空运的1/4～1/3，且可以把装卸的损伤减至最低。但运输时间一般较长，而运输途中长时间的高温或低温条件容易给一品红造成严重的运输伤害。因此，冬天的运输必须采用保温车或加温车。保温车的价格要比一般的半封闭车高1/3，加温车要比半封闭车价格高一半以上。在长江以南地区一般用保温车就可以了，长江以北地区则应尽量用加温车。铁路运输的价格约为空运的1/5～1/4，运费便宜但货量要求比较大，且装卸损伤也较大。减小盆径、控制高度和采用轻型基质能减少运输重量和体积，这是节省运输成本的最有效方法。

▼一品红短途运输车，车厢有横梁和隔板

▼工人正在装车

▼不用纸箱直接装车

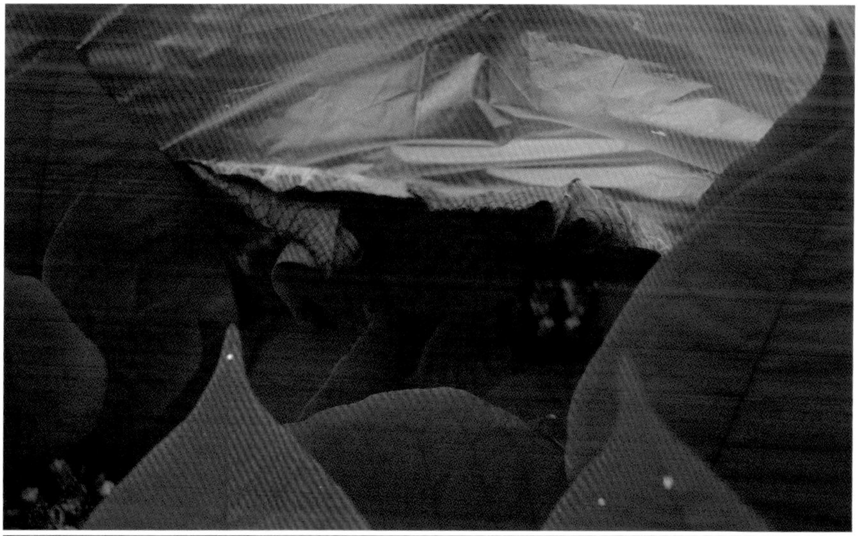

▼装车后出现的机械损伤

7.4 一品红选购

高品质一品红的选购标准：（1）整体效果：植株生长旺盛，株型端正、丰满、匀称，外观新鲜，叶片完整，植株大小与容器协调相称，观赏效果佳。花序整齐度好，生长健壮，符合该品种特性，株型大小与盆器相称。按常见盆器大小分四种类型：第一组盆径9 cm，理想株高（株高为含盆高度）为22.5～27 cm，理想冠幅（为最小冠幅）≥13.5 cm，花头数≥1；第二组为盆径15 cm，理想株高为37.5～

45 cm，理想冠幅≥30 cm，花头数≥3；第三组为盆径18 cm，理想株高为45～55 cm，理想冠幅≥35 cm，花头数≥5；第四组为盆径21 cm，理想株高为52.5～63 cm，理想冠幅≥40 cm，花头数≥7。植株高度为盆高的1.5～2倍，冠幅约为盆径的2倍。（2）茎叶及花状况：茎、枝、叶健壮，分布排列协调美观，形状大小完好，叶色浓绿。要求苞片着色纯正，有光泽，花枝整齐，高度一致，花序丰满，符合其品种特性。节间长度适当，株型紧密。（3）病虫害或破损状况：无病虫害，叶片无干尖、焦边、折损或机械损伤。

▼市场销售的盆栽

7.4.1 看花

一品红开放程度的判断主要是从小花蕾的开放观察，小花首先是雄花先开有7朵以上就表示盛开了，而一般在盛开之前购买可有较好的新鲜度，在第1朵雄花开放前后购买最合适。若顶部小花颜色发黄甚至脱落，大多数是已经开过很久了。如果选购和管理适当，一品红有1～3个月的观赏期。一品红单枝为一个花头，就170 cm盆径规格而言，一般6个花头以下的为下等花，6～8个花头的为中等花，8个以上花头的为优等花。购买的时候别忘记数一下花头数，不要被鲜艳的颜色迷惑了。较理想的一品红应花头大小一致，均匀分布在各个球面上，密密匝匝簇拥在一起，花冠有一定的高度，看上去比较大方、舒展、挺拔，要选择那些花头大小一致的一品红。

7.4.2 看叶

看一下靠近盆土边缘的叶片，若已经拖地下垂，甚至有黄叶或叶片脱落，这种属于低质量的花卉，建议不要购买。

▼底叶有点变黄（右）

▼叶色浓绿（左）

7.4.3 看枝

看枝干是否粗壮是判断一品红好坏的重要标准。若枝干较细，每个茎节之间很长，从侧面看枝干完全显露出来，这是次品，建议不要购买。要选择株型匀称，枝干粗壮的。

▼花枝条粗壮（右）

▼枝条偏细弱（左）

▼花头大（右）

▼株型饱满（左）

第八章

一品红病虫害

8.1 病害

一品红有数种病害在生产中普遍存在，其实最重要的原则就是“预防胜于治疗”。病害发生前的管理措施有：（1）移植前先确认小苗的健康，移植时小心避免伤害根茎叶部位，而且不要种得太深。（2）介质要通气良好，而且先消毒。（3）追踪介质酸碱值及盐分累积浓度，而且每次浇水要浇透。（4）对栽培中介质有计划地喷杀菌剂。（5）改善环境卫生，如清除杂草、地板上撒石灰、清除植床上残体和土壤等，并检查所有到场的植物材料、建立例行追踪系统并持续进行。当病害发生时，鉴别出病原生物是首要工作，接下来依各种病害建立控制计划，包括栽培及化学药剂处理，还有要清除病原及病原生物寄主。举例来说，植株发生根腐现象，不确定是腐霉病、疫病或立枯丝核菌，应首先检查发病特征。确定是腐霉病后，减少灌溉及施肥，让土壤干燥及减少盐分直到新根恢复，并施用适当的杀菌剂，追踪监测直到安全度过病害 。

8.1.1 灰霉病

一品红灰霉病是其常见的病害之一，病原菌为*Botrytiscinerea*，为低温季节病害，主要为害花序、花枝和嫩梢。花序受侵染后，最初花丛和花托出现灰褐色病斑，进而迅速变为褐色并枯萎、腐烂。病害可沿花柄向下蔓延而危害到花枝，致使植株顶端的嫩枝变成黄褐色，然后逐渐枯死，上部常常产生褐色霉状物，即病原菌的分生孢子梗和分生孢子。该病在阴冷和潮湿的天气发病严重，病菌最适发育温度为23 ℃左右。在阴雨绵绵，整日起雾，或日间温暖夜温骤降之时几乎无法防治，若有通风良好的设施则病害较轻。

改善栽培管理环境，提高棚内温度，注意通风透光，降低空气湿度。一旦出现症状必须立即处理，如清除植物残体，走道和地板消毒，环境通风以控制湿气，傍晚前停止喷水，插穗上叶片不要留太多，种植不要太密，并且在植株上喷施杀菌剂，维持空气干燥，而且高湿状况不要超过4小时。药剂防治可选择在发病初期喷洒1%波尔多液，或20%施保灵600～1000倍液，或50%扑霉灵1000～1500倍液，或65%代森锌800倍液，或苯来特1000～1500倍液，每7～10天喷1次，连续2～3次。也可用45%百菌清烟雾剂于傍晚时分几处熏蒸封闭温室。

▼灰霉病严重时为害整个大棚

▼灰霉病严重时为害整个大棚

▼灰霉病主要为害整个花序

▼灰霉病产生的孢子会随风转移

8.1.2 褐斑病

褐斑病是一品红常见的叶部病害，常造成叶片早落，但为害较轻。染病叶片常在叶缘或叶脉间的叶肉组织开始发病，病斑呈长条形或不规则形，黄褐色至黑褐色，有时病部表面长出黑色霉状物。坏死的病斑卷曲变脆，病斑上的霉点即为病原菌的分生孢子梗和分生孢子。病菌以菌丝块在落叶上越冬，气候环境适宜时即行侵染。一般老叶比嫩叶受害严重，应及时清除落叶和病叶。严重时，发病期间喷洒1%波尔多液或12.5%烯唑醇2000～3000倍液防治。

8.1.3 叶斑病

本病主要于春夏季发生较严重，而病斑多由老叶开始发生。初期叶片上产生紫红色至褐色小斑点，病斑为近圆形至不规则形。以后病斑逐渐扩大，多数病斑可互相愈合而形成一大病斑，后期病斑中央渐渐转为灰褐色。严重时病斑组织呈坏疽状致使叶片扭曲、干枯。病原菌为*Cercospora. puleherrimae*，借雨水、风转播，由叶缘或伤口侵入。预防叶斑病的步骤：（1）栽培环境能够防风、防雨。（2）定时喷杀菌剂防治。（3）运输过程中，防止碰伤叶片。

8.1.4 茎腐病

一品红的茎腐病是由立枯丝核菌引起。植株染病后，在茎枝与土壤表层相邻的茎上，会出现2～3 cm宽的黑色环状病痕。叶子逐渐枯黄，植株自上而下落叶；病害加剧，叶子突然萎蔫，最终导致植株死亡。空气湿度高会导致该病的蔓延。防治措施：扦插苗要用无菌基质或进行严格消毒后再使用。用0.3 g/L的苯菌灵药液浸渍或浇灌一品红生根植株；若作土壤灌根，则药液浓度应增加2倍。幼苗期用50%立枯净可湿性粉剂800～1000倍液，或64%杀毒矾500倍液，或65%敌克松600～800倍液防治。

▼茎腐病为害的植株和正常植株对比

主要为害茎基部

8.1.5 疫病

一品红的疫病是因病菌侵染一品红茎基部和叶片而引起的。在接近土壤的茎基组织被病菌侵染后，起初呈不规则黄褐色斑点，潮湿时病部开始呈灰褐色，以后转为形状不规则褐斑，病部和健康部位交界不清晰，病斑不受叶脉限制，迅速扩展，严重时叶片黄化脱落。

成株、幼株均会受感染，病原菌为疫病菌（*Phytophthora parasitica*），也侵袭植株地际部，主要随水滴飞溅而感染地上部，尤以枝梢与枝条分叉处最常见。患部初呈水浸状，溢缩，植株倒伏萎凋，或枝条弯折，湿度高时蔓延至叶片，病菌以卵孢子和厚垣孢子随病残体留在盆土上越冬。病部也会出现白色棉絮状气生菌丝，为害温度范围宽广，一般在28 ℃以上高温的设施为害较猛烈。种植过密、植株通风不良、田间积水，均有利于诱发此病。

防治措施：发现病株，立即拔除并销毁。盆间放置不要过密，种植环境要通风透气。发病初期用58%瑞毒霉锰锌600倍液，64%杀毒矾可湿性粉剂400～500倍液，40%乙磷铝可湿性粉剂200～400倍液交替使用，喷洒和浇灌相结合，效果较佳。

8.1.6 细菌性溃疡病

细菌性溃疡病为假单胞菌属（*Pseudomonas*）细菌所造成，常于台风、设施被破坏后发生，病叶边缘初呈水浸状，而后往内发展，形成三角形黄化之病斑，叶脉与茎部受害则出现溃疡或疮痂，节间徒长。主要防治措施为强化设施结构，台风雨后喷施链霉素或氢氧化铜能稍微降低病害。

8.1.7 细菌性叶斑病

细菌性叶斑病为黄单胞菌属（*Xanthomonas*）的细菌所造成，也发生于台风后，为害叶片，造成多角形5 mm × 5 mm以下的小黄斑点，之后斑点会转成黑褐色，最后整叶黄化落叶。防治方法与细菌性溃疡病相同。

8.1.8 菌核病

菌核病为冬季花期须重点防治的病害，造成商品价值损失大，病原菌为*Sclerotinia*，萼片或叶片受害初呈黑色小点，继而扩大呈不规则形，病叶或萼片萎缩、腐烂，并延伸至茎部，先呈水浸状，而后褐化、缢缩，植株倒伏，患部常发现状如老鼠粪，甚至更大的质硬的菌核。

灭派林、护汰宁等有防治效果，但可湿性粉剂施用后常留下药斑，影响商品价值。预防措施：使用好的泥炭土，保持湿润，避免干透、过湿和盐分过高，如果泥炭非常干燥建议在施肥以前使用清水浇灌。

8.2 虫害

一品红害虫也是以预防为主，综合防治。有效防治虫害方法应从综合防治着手，第一注重栽培环境卫生：（1）阻断虫源，在未移入植株时清除枯枝落叶，彻底消除室内虫源。（2）健康苗木，使用无感染病虫体的植株。（3）设立细网目纱网阻止虫体入侵。（4）栽植不可太过于密集，应注意苗圃、设施空气流通，将有感染虫体枝条去除。第二药剂防治：以株高10 cm以上悬挂一张粘板诱杀并配合监测害虫是否发生，一旦发现虫害症状，应立即施药防治。

一品红栽培期常受害虫为害，导致生育受阻，降低一品红的商品价值。一品红自扦插苗开始至成品出售，其主要害虫为粉虱、介壳虫、蚜虫、蓟马、红蜘蛛和蕈蚋蚊，其中以粉虱为害最为严重。一品红害虫要能妥善防治必须要先拟定一套完整策略，即要了解害虫生物学，何时为害虫最脆弱时期、最佳防治期，侦测害虫密度，拟定防治基准，再选择最佳防治方法，并谨记少施用农药避免引发抗药性。

8.2.1 粉虱

温室粉虱学名*Trialeurodes vaporariorum*，较喜茂密遮阴环境，故在不通风处发生密度较高。成虫及若虫均在叶背取食，少数成虫偶尔会停留于叶面。每年3～5月及11～12月在一品红上发生最为严重，密度高时，叶背或叶面会发生煤污病，其原因是由粉虱分泌蜜露所引起，尤其中老叶会呈现黑色。嫩叶以成虫及卵居多，中老叶则以老龄幼虫、蛹及蛹壳居多。粉虱以初龄移动若虫最为脆弱，其爬行过药剂叶面时会被残留药液杀死，其他虫期只有在农药直接喷洒到虫体才会死亡，其次为成虫刚羽化时虫体柔软，尚未覆盖蜡质，对药剂最敏感，而此时尚未开始产卵，即为生殖前期，适时大量喷药可以阻止进一步产卵，压制其族群规模。喷药方式：以喷叶下表面的喷头来喷药，使药剂直接喷洒至虫体产生效果。喷药时间为早上6:00～10:00时，因此时成虫刚羽化较脆弱，易被药剂伤害，较易取得防治效果，其次要调查田间族群变化为防治基准，例如以叶片调查虫数，或以黄色粘板侦测。

防治最主要有环境卫生、化学防治、物理防治、生物防治。（1）环境卫生：①阻断虫源，在未移入植株时清除枯枝落叶，彻底消除室内虫源。②健康苗木，即无感染病虫体之植株。③设立细网目纱网阻止虫体入侵。（2）化学药剂防治：以昆虫生长调节剂最好，如布芬净杀卵效果相当好。若虫期以亚灭培、派灭净、益达胺溶液、布芬净、毕芬宁为相当良好药剂，但必须考虑倍数及施用时机，避免造成植物药害。25%的溴氰菊酯或50%杀螟硫磷各1000～1500倍液对防治白粉虱也有良好效果。（3）物理防治：高于株高10 cm放置一片黄色粘板诱杀。

▼少量粉虱停留在叶面

▼粉虱主要取食叶背

▼黄色粘板诱杀粉虱

▼粉虱为害严重状

8.2.2 叶螨

一品红叶螨以刺吸式口器吸食叶汁液，成螨或若螨均喜栖于老叶叶背，使叶片产生小灰斑后黄化，叶面密布灰黄色小斑点，比正常叶显得灰白，翻开叶背可发现叶螨于叶片背面吸食，并有卵粒、脱皮、丝网等污染物。发生严重时植株生长停滞并结蜘蛛网，叶片萎凋干枯掉落，植株枯死。

防治法：（1）加强检疫工作，避免引进叶螨造成为害的种苗。（2）对于栽培园已感染叶螨的植株应彻底防治，并避免留当母本采扦插穗苗。（3）避免通风不良、清除中间寄主并注意田间卫生。（4）遭受叶螨为害时应全面实施药剂防治，以10%依杀螨水悬剂4000倍、2.8%毕芬宁乳剂1000倍或2%阿巴汀乳剂1500倍，40%三氯杀螨醇1000倍液对毒杀螨虫很有效。任选一种药剂防治，每隔7～10天施药1次，连续2次。

8.2.3 蚜虫类

蚜虫为单食性，体色随寄主及季节变化。成虫、若虫群聚于一品红叶背、嫩叶、花瓣上，以刺吸式口器刺入植物体内吸取汁液，致使被害部位叶片变黄，嫩叶细小变形，心芽枯萎，花朵扭曲变形变小，并分泌蜜露诱发煤病，影响外观且传播病菌。防治方法：与粉虱的防治同步进行。

8.2.4 蚧壳虫

蚧壳虫又可分为粉蚧壳虫、软蚧壳虫及盾蚧壳虫类。一品红从母株、扦插苗上盆至成品出售均会遭受蚧壳虫为害，尤其以母株时期为害较为常见，因为此时期经常疏忽母株管理，导致害虫丛生，蚧壳虫因微小不易被查觉，一旦发现为害时要作防治处理，否则无法挽回，所以蚧壳虫防治唯有从母株妥善管理、扦插苗健康清洁无害虫、网室田间清洁卫生及平时对蚧壳虫侦测着手，并加以适当药剂防治处理。而侦测蚧壳虫类害虫可以从温室或株上有无蚂蚁的踪迹或者叶片是否产生煤污的现象，即可初步推断是否有蚧壳虫为害发生，因一旦有蚧壳虫孳生繁衍时，其幼虫会分泌蜜露引诱蚂蚁取食，蜜露会导致煤污病产生，使叶片产生污秽影响光合作用，使树势衰弱，植株生长、开花受阻，受害严重，整株枯死。

蚧壳虫防治法：（1）环境卫生：①阻断虫源，在未移入植株时清除枯枝落叶，彻底消灭室内虫源。②健康苗木，即无感染病虫体的植株。③设立细网目纱网阻止虫体入侵。④栽植不可太过密集，应注意苗圃、设施之空气流通。⑤适当修剪去除有感染蚧壳虫的枝条。（二）药剂防治：一旦发现上述症状，应立即防治。施用药剂最好在卵刚孵化一、二龄之初，效果最好。蚧壳虫发生时以40.8%陶斯松乳剂1000倍或11%百利普芬乳剂1000倍，每7天施药1次，连续2～3次。

8.2.5 黑翅蕈蚋蚊

俗称小黑蚊，以腐植质为食物，在潮湿、阴暗且多有机质的栽培介质中生存且繁殖。幼虫会啮食一品红细根及茎部，主要为害繁殖期及生育初期。扦插苗的根部如罹病腐烂，则幼虫也会钻入根部，加速腐烂速度。防治方法：（1）栽培场地保持干燥，积水处撒石灰，地上若生青苔，则菌蝇幼虫容易寄生。（2）施用有机质堆肥前应以薰蒸消毒处理，消灭其中潜伏的害虫。（3）小心检查尤其是根部是否感染，避免水分过多，基质维持适当干燥。（4）扦插或种植中的小苗可利用细纱网覆盖，与已经感染蚋蚊的旧盆相隔离。（5）利用黄色粘板监测成虫。（6）药剂防治：二福隆可湿性粉剂、陶斯松乳剂。

▼小苗茎基被菌蝇幼虫蛀空

▼菌蝇幼虫咬食扦插苗根系

8.2.6 蓟马

为害部位包括芽、叶、花等，尤其以嫩叶及新梢受害最严重，致植株发育不良。由叶主脉二边白色斑纹，可以判别为蓟马为害。叶片受害造成白色或褐色斑纹，严重时造成扭曲畸形。防治方法：（1）以蓝色水盘或蓝色粘虫板诱杀，配合药剂防治，并可作为田间虫害发生密度监测指标。（2）益达胺、扑虱灵、亚灭培可溶性粉剂、赛洛宁乳剂防治。

8.3 生理性病害

生产时的环境逆境、营养缺乏或毒害及化学药品施用不当会导致一品红生理失调。一品红常见的生理失调有：（1）茎的断裂，可能原因有栽植拥挤，造成株行内光强度降低或缺钙，要注意行株距。（2）苞片边缘坏疽，可能影响原因有缺钙或铵态氮施用太多。由于钙的吸收须藉由水分，所以须注意是否根部受到伤害，如肥伤或高温逆境，铵态氮在栽培后期连续施用会增加苞片叶烧的概率。（3）其他生理失调原因，如叶生小芽，造成原因常为盆栽种在出入风口。（4）茎顶分叉可能是低温或短日的影响。（5）扁平带状生长常因摘心时切口靠近节上腋芽所致。（6）乳汁溢出大多起因于高相对湿度及介质含水量过多等因素。

▼三叉苗现象

▼三叉苗现象

▼乳汁溢出现象

第九章

一品红育种

9.1 育种现状

一品红原产于墨西哥Taxco山区，1825年引进到美国，首先是做为露地栽培，1960年后才发展出室内盆花品种，之后渐渐发展成世界最大宗的设施栽培盆花种类。美国是一品红育种最早的国家，主要由Paul Ecke公司完成。由于品种对产业发展影响极为密切，加上各产业朝全球化发展，植物新品种保护成为发达国家积极推动产业发展的策略，故对一品红育种及品种信息收集了解更显重要。

一品红盆花在我国是新兴产业，对于调整农业结构、提高农业效益具有重要作用，新品种选育在我国极薄弱，研究水平极低。因为育种周期长，国内很少人从事一品红育种研究，国内的从业者大多从外国或其代理公司引进，通过扦插繁殖，批量生产盆花，这种容易产生侵犯知识产权的行为，不利于产业的健康发展。因此，应鼓励越来越多生产业者投入栽培，育种家改良出本地品种，最终希望育出适合栽种、消费者也买单的品种。适应当地生长环境及栽培管理措施，选育适合品种应是一个根本有效的解决方法。花色、抗性、分枝性强、生长强健及观赏期长应是如今市场需求的品种特性。

9.2 育种发展趋势

一品红主要育种趋势分为偏向生产者或偏向市场两方面。生产倾向者主要着眼于温室中表现及生产期表现。例如Paul Ecke公司推出“威望”(Eckespoint ‘Prestige Red’)为现今表现优异的品种，其分枝性特别好，具有十分硬挺的茎，在贮运及操作时不易折断。而“千禧”(PLA pelfi ‘Millennium’)及“秋红”(Eckespoint ‘Autumn Red’)约在10月下旬至11月上旬开花，可比“自由”更早上市。

市场倾向者主要着眼于消费者的诉求，包括颜值度及长的货架寿命。这趋势助长了特殊花色品种，例如紫色的Eckespoint ‘Plum Pudding’及“勃根地”(Cortez ‘Burgundy’)、苞片具细点状斑纹的“达文西”(‘Da Vinci’)、柠檬黄色的“柠檬雪”(‘Lemon Snow’)、酒红色苞片及多密线体的“喜安堤”(Eckespoint ‘Chianti’)。另外如特殊花型的品种，如卷苞片的Eckespoint ‘Winter Rose’系列，至2004年已有7个色系品种，2003年则有卷苞片品种‘Renaissance’4色系供应切花市场、斑叶的Eckespoint ‘Holly Point’、小而直立苞片及多分枝的Eckespoint ‘Punch’系列，及如小丑帽之狭窄而向上翘苞片的“小丑”(Eckespoint ‘Jester’)等。

一品红的品种选育在我国是极为薄弱的，研究水平低。我国植物品种权制度正与国际接轨，意在品种保护的框架下鼓励育成新品种，同时也保护被授权者，促进我国花卉产业的可持续发展。国家林业和草原局已将大戟属列入第3批林业植物新品种保护名录，这意味着在我国销售期还未超过1年的一品红新品种均可向国家林业和草原局植物新品种保护办公室提出申请，截至目前为止仅有25个一品红品种取得植物新品种权。

9.3 育种方法

一品红目前的育种技术主要以杂交育种配合诱变育种为主，其中诱变育种是一品红新品种各色系育成的主要策略。

9.3.1 杂交

通过品种间杂交，遗传分离与重组，选育优良单株。一品红授粉适宜温度范围很窄，最适温度为21 ℃。若温度提高或下降5 ℃，其结实率仅为原来的10%～20%。实际上，一品红开花在冬季，要保持一周21 ℃左右的气温，如果没有良好的温控设施，要一品红结实是相当困难的。

一品红的杂交育种方法，具有成功率高，操作性强，应用价值高等特点。此方法旨在克服一品红开花过程中雄花花粉量大，但产生雌蕊比例低，杂交成功率低的问题。本一品红的杂交育种方法包括：

（1）采用市场上畅销的主流品种做为父母本，如以“威望”（Prestige）为母本、“金奖”（Gold medal）为父本的杂交组合；

（2）调整亲本开花时期：杂交亲本适合的目标花期为春节，即翌年2月初，当年9月底通过补光抑制一品红开花，将亲本花期调整在春节期间；翌年3月，将环境温度控制在25 ℃以上，促使雌蕊的柱头从小花中间长出；

（3）人工授粉：采集父本的花粉授于母本的柱头上，翌日再反复一次，按正常栽培管理；

（4）杂交种子摘取及播种：当一品红杂交授粉后，果实发育膨大，至6月初果皮略显黄色并且果皮开始转干时摘取；去除果皮，将饱满的杂交种子播种于消毒的泥炭穴盆；

（5）壮苗移栽：当所述杂交种子发芽之小苗形成的植株长至5 cm高时，泥炭基质表面变白时才浇水，促进根系生长；苗高10 cm时上9 cm花盆，并加强肥水管理，每天光照12～16小时，光照强度15000～20000 Lx。

杂交方法的效果在于：其一，促使雌蕊的柱头从小花中间长出，能提高形成健壮柱头的比例，提高杂交成功率。其二，操作性强，应用价值高，为一品红的杂交育种提供有利参考。

▼雌蕊从子房伸出的各种形态

▼温度合适，雄蕊和雌蕊同期开放

▼镊子夹取另一品种的雄蕊进行授粉

▼已授粉的雌蕊，要重复多次操作

▼腺体能有效吸引昆虫，但正常情况并不能传粉并结果

▼未成熟的果实

▼外果皮变黄变硬就差不多可以收获了

▼结果期间也要防止灰雾病的发生

▼因病掉落未成熟的果实

▼未成熟果实的种子亦未成熟，不能自然播种

▼果荚三种形态（从左右到）：饱满、干瘪和未成熟

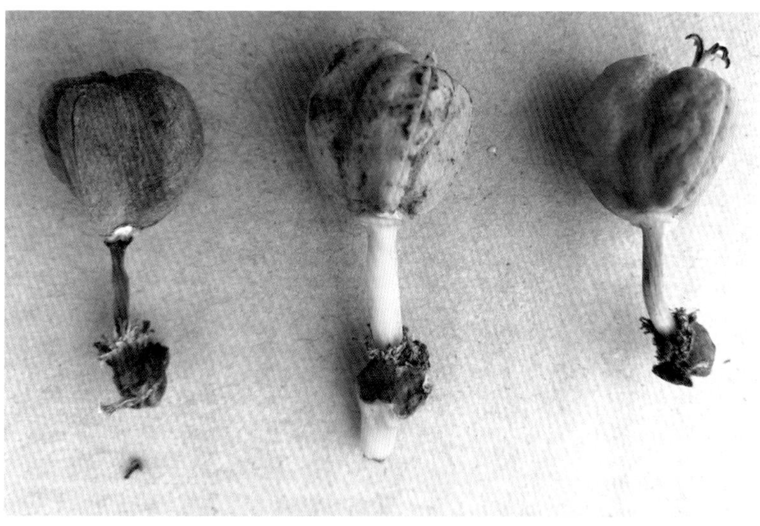

▼三种果实形态（从左到右）：成熟、将近成熟和未成熟果实

▼对应的剥开果实后的种子形态

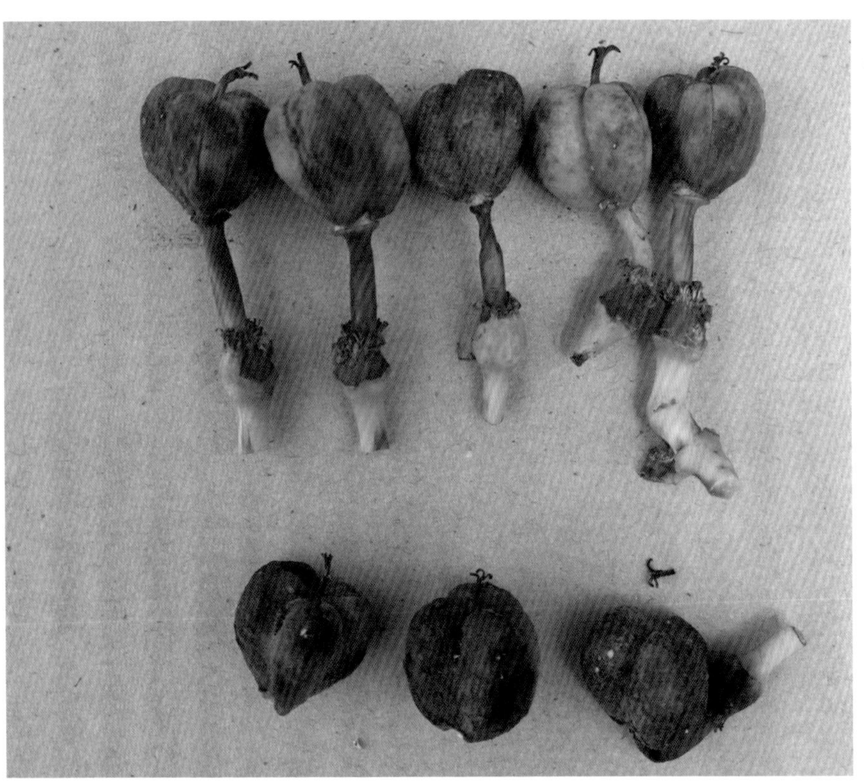

▼收获的成熟果实

▼子叶外的内种皮要及时人工去除

▼种子苗长出真叶

▼收获的杂交种子苗

▼种子苗茎基部膨大

9.3.4 嫁接诱导分枝性

一品红植株的分枝特性可以分为易分枝和不易分枝两大类。易分枝性品种可以大量生产插穗，作为多花性盆花的繁殖材料，是一品红盆花商业生产的主流。分枝性强、观赏性状好的一品红盆花才有商品价值。利用杂交育种的方式选出优良单株实生苗植株生长的形态纤长，植株茎粗且不分枝，且即使经摘心处理，也仅有最顶端的2～3个腋芽可以萌发侧枝，属于不易分枝类，不适合做盆花用途，作为商业品种推广并不美观。一品红实生苗的多分枝特性诱导成为从业者所需要的花卉性状。通过嫁接方式，能够有效解决一品红实生苗分枝性差的问题，为诱导一品红多分枝提供了方法。商业化一品红的植株受到寄生于植株自身的植物菌原体的感染后，就变成易分枝的品种，而这种植物菌原体可经过嫁接的方法传染到原本是不易分枝品种的嫁接苗上，从而诱导嫁接后的一品红植株成为易分枝的个体，再通过扦插繁殖后能长成多分枝的一品红盆花。植物菌原体属于细菌，但有诸多特征与细菌相异，因无法用人工方式培养、无法保存也无法机械传播等特性，对其生理生化及生物特性的了解仍有限。

嫁接诱导分枝性具体步骤：

（1）砧木和接穗苗培育。在5～8月，将选定的优良单株实生苗和商业品种小苗栽植于穴盘，待长高至15 cm，转栽于110 mm的花盆，适当打顶，促进分枝。

（2）嫁接。当商业品种为接穗，实生苗无性系为砧木时，嫁接组合成活率高达80%。相反，用实生苗无性系为接穗，商业品种作砧木时，嫁接组合成功率仅为20%。因此实生苗作砧木+商业品种为接穗的组合较为合适。砧木与接穗在留叶数和长度的试验表明，砧木长15 cm，留叶8～10片，接穗长10 cm，留叶2～3片，其成活率能大幅提高。一品红茎中空，嫁接时砧穗大小要求基本一致，斜切上下两端对准，用塑料条包扎严实。嫁接前接穗浸蘸1.0% 6-BA能促进接芽萌发。

（3）扦插扩繁。嫁接成活30天以后，让植物菌原体充分转移到实生苗无性系上，才可进行采穗扦插繁殖。不易分枝的实生苗经扦插繁殖的后代，其分枝性会明显增加，在外观性状上伴随着分枝性的提高，株高及节间长度也随之减少。但商业品种不同，诱导分枝性有所差异；例如曾嫁接不同商业品种“彼得之星”的分枝性较“天鹅绒”佳。嫁接过后再扦插繁殖的实生苗无性系，其节间及叶柄长度减短。若分枝性达不到理想效果，可以换个分枝性好的一品红商业品种再次嫁接，直到达到满意效果。若实生苗无性系发育的枝条能赶在9月底扦插繁殖，则植株嫁接前后的开花性状可在同一年进行观察比较，记录嫁接前后性状差异，可缩短育种进程。

▼靠接成活率更高

▼嫁接成功

9.3.5 诱变育种

市面上有各种颜色的一品红，红色是最大宗商品，其次有白色、鲑鱼色、斑纹色等。苞叶有花青素的累积，且由三层细胞组成，若三层都含有花青素累积，则苞叶呈红色；若三层都无花青素则呈白色，而只有一层或二层有花青素累积则呈不规则分布，则有粉色、鲑鱼色或斑纹色的表现。常应用诱变育种的方法来促使苞叶颜色变化。而这些不同颜色的植株还是和红色有很多相同性状，只是颜色多变，所以在多样化栽培上很得生产者喜爱和利用。诱变育种包括自然芽变、化学诱变和辐射诱变育种。

9.3.5.1 自然芽变

▼自然突变产生花叶变异

▼人工喷漆而非自然变异的一品红

▼芽变产生新花色枝条

▼同一花枝上嵌合体的花色产生分离

▼不同花枝上嵌合体的花色产生分离

▼芽变产生返祖现象

9.3.5.2 化学诱变

化学诱变育种是用化学物质处理花卉组织，使其产生突变，再从中筛选出符合育种目标的单株的创新方法。常用的化学诱变药剂包括：叠氮化钠和甲基磺酸乙酯。为了克服现有技术中存在的缺陷，提出了一种叠氮化钠诱发一品红芽变的处理方法，该方法明确叠氮化钠有效诱发一品红腋芽变异的浓度和处理方法等条件，并且研发简便、有效应用于一品红芽变育种，解决一品红自然变异率小，无法主动进行大规模一品红资源创新等问题。此方法可缩短育种年限，快速获得一品红优良突变体，在开花期根据育种目标要求，田间选择性状优良的芽变植株。

叠氮化钠具有无残毒、使用相对安全的优点，但国内至今尚未见利用叠氮化钠诱变一品红芽变方法的研究报道。目前，叠氮化钠诱发一品红芽变的处理方法存在以下缺陷：1. 叠氮化钠有效引发一品红芽变的浓度（试剂配制）和处理时间不明确，在叠氮化钠如何处理一品红植株才能有效引起芽变的问题上，至今没有研究报道。2. 利用叠氮化钠简便有效诱发一品红芽变的处理方法未有研究报道。叠氮化钠试剂浸泡一品红枝条的方法需要较多的处理液和特制的器具，成本较高，成活率较低，且存在安全隐患，不便于大量处理；温度和空气流动等环境因素变化容易导致涂抹和滴液侵染方法的处理液浓度变化，难以保证处理条件的有效性。

具体步骤：首先在每年9～10月短日照来临前利用一品红成株打顶的时机，以移液枪将配制好的叠氮化钠溶液注入一品红打顶后的节间，诱发突变。一品红节间中空，可以容纳一定量的叠氮化钠溶液。用保鲜膜封口，防止溶液挥发。待新芽长出，与空白对照和缓冲液处理对照相比较，观察芽变的变化。待12月份一品红自然花期到来，可直接在植株上观察开花

▼NaN_3溶液处理后第1个腋芽明显受抑制

性状，判断有无产生芽变，最后在田间选育出优良的突变体。此方法能有效地克服无性繁殖植物品种改良的障碍和在自然条件下芽变频率低，突变范围小的约束，在很短的时间内获得优良突变体，诱变效率高，对一品红育种有重要价值。

▼NaN_3溶液处理对照

9.4 一品红新品种权

国内自2002年将大戟属纳入新品种保护的花卉种类，一品红新品种权保护申请由国家林业和草原局植物新品种保护办公室审批受理，在该单位一品红植物专业测试站进行新品种测试。即每一个新品种要上市之前或销售期未超过1年，都可经过网上或代理填报申请，通过样品DUS测试后可获新品种保护授权。

测试材料是生根后1个月内的扦插苗，数量不少于15株，测试材料全部盆栽。DUS测试采用田间测试的方法，将申请品种及其近似品种按照一定的顺序，一起种植在温室大棚，在相对一致的条件下观察和测量其特征特性，通过分析比较来判定申请品种是否明显区别于近似品种，判定申请品种是否符合一致性和稳定性的要求。林业行业标准《植物新品种特异性、一致性、稳定性测试指南一品红》(LY/T1850-2009）是一品红DUS测试的技术依据。相信未来一品红新品种越来越丰富多彩，国内研发的品种也能在国际市场占有一席之地。

附录A

一品红形态特性表及其代表品种

品种特性		代表品种
一、植株		
1. 株型：	直立型 开张型 垂枝型 其他	光辉 天鹅绒 萝丝塔
2. 株高：	矮 低 中 高	草莓鲜奶油 倍利 天鹅绒 光辉
二、枝条		
3. 分枝直径：	细 中 粗	草莓鲜奶油 天鹅绒 大禧
4. 分枝颜色：	黄绿 浅绿 绿 深绿 绿棕 其他	倍利-白 成功 彼得之星 天鹅绒 自由
5. 节间长度：	短 中 长	圣诞玫瑰 天鹅绒 大禧
6. 分枝性：	无 少 中 多	圣诞玫瑰-莫奈 大禧 天鹅绒 小红莓

品种特性		代表品种
三、叶片		
*7. 叶形：	椭圆形	红坤
	卵形	天鹅绒
	卵圆形	圣诞玫瑰-早生粉
	其他	
*8. 叶尖形状：	锐尖形	天鹅绒
	锐形	小丑-红
	钝形	圣诞玫瑰-早生粉
	其他	
*9. 叶基形状：	锐形	草莓鲜奶油
	钝形	小红莓
	圆形	天鹅绒
	截形	圣诞玫瑰-早生粉
	其他	
*10. 叶片锯齿状表现：	无	彼得之星
	少	光辉
	中	天鹅绒
	多	小红莓
*11. 叶缘锯齿状程度：	无	彼得之星
	浅	天鹅绒
	中	红精灵
	深	倍利
12. 叶片扭曲：	无	天鹅绒
	有	圣诞玫瑰
13. 叶长：	短	圣诞玫瑰-早生双色
	中	倍利
	长	天鹅绒
14. 叶宽：	窄	草莓鲜奶油
	中	天鹅绒
	宽	大禧
15. 叶厚：	薄	安琪
	中	天鹅绒
	厚	大禧
*16. 叶表颜色：	白绿，RHS	银河
	浅绿，RHS	V-14-白
	绿，RHS	彼得之星
	深绿，RHS	天鹅绒
	其他，RHS	
17. 叶背颜色：	浅绿，RHS	彼得之星
	绿，RHS	光辉
	其他，RHS	

品种特性		代表品种
18. 叶表绒毛：	无	
	有	天鹅绒
19. 叶背绒毛：	无	
	有	天鹅绒
20. 叶柄直径：	细	草莓鲜奶油
	中	天鹅绒
	粗	圣诞玫瑰-早生粉
21. 叶柄长度：	短	小丑-红
	中	倍利
	长	天鹅绒
22. 叶柄颜色：	浅绿	柠檬雪
	粉绿双色	倍利-双色
	粉红	倍利-粉
	红粉双色	圣诞玫瑰-绞纹
	红	天鹅绒
	其他	
23. 苞叶下位之转色叶片数量：	无	圣诞玫瑰-粉
	少	光辉
	中	天鹅绒
	多	自由
*24. 杂色叶片型式：	无	天鹅绒
	散斑	圣诞玫瑰-莫奈
	扫斑	彼得之星-银铃
	中斑	草莓鲜奶油
	覆轮斑	彩虹
	其他	
*25. 杂色叶片之颜色：	白	银河
	黄白	彼得之星-银铃
	黄	
	白绿	草莓鲜奶油
	其他	
26. 杂色叶片后期变化：	没改变	彼得之星-银铃
	后期变明显	
	后期变不明显	圣诞玫瑰-莫奈
	其他	
四、花朵		
*27. 花朵型式：	单瓣	天鹅绒
	重瓣	
*28. 花朵直径：	小	圣诞玫瑰
	中	天鹅绒
	大	大禧

品种特性		代表品种
五、苞叶		
*29. 苞叶形状:	长椭圆形	小丑-红
	椭圆形	天鹅绒
	卵形	大禧
	卵圆形	圣诞玫瑰-早生粉
	其他	
*30. 苞叶叶尖形状:	锐尖形	天鹅绒
	锐形	小丑-红
	钝形	圣诞玫瑰-早生粉
	其他	
*31. 苞叶基部形状:	锐形	草莓鲜奶油
	钝形	精华
	圆形	天鹅绒
	其他	
*32. 苞叶锯齿状程度:	无	彼得之星
	浅	天鹅绒
	中	小红莓
	深	倍利
*33. 苞叶扭曲:	无	天鹅绒
	有	圣诞玫瑰
*34. 苞叶长:	短	圣诞玫瑰
	中	倍利
	长	天鹅绒
*35. 苞叶宽:	窄	小丑-红
	中	天鹅绒
	宽	大禧
36. 苞叶厚度:	薄	萝丝塔
	中	天鹅绒
	厚	大禧
*37. 苞叶柄长:	短	小丑-红
	中	天鹅绒
	长	安妮-深红
38. 单瓣花朵之苞叶数:	少	V-14-红
	中	天鹅绒
	多	小丑-红
39. 重瓣花朵之苞叶数:	少	
	中	
	多	

品种特性		代表品种
*40. 苞叶表面颜色：	白，RHS_____	圣诞玫瑰-白
	黄白，RHS_____	柠檬雪
	粉红，RHS_____	倍利-粉
	红，RHS_____	自由-鲜红
	深红，RHS_____	天鹅绒
	紫红，RHS_____	柯提兹-紫
	橙红，RHS_____	太阳
	杏桃，RHS_____	圣诞玫瑰-桃
	其他，RHS_____	
41. 苞叶背面颜色：	白，RHS_____	圣诞玫瑰-白
	黄白，RHS_____	倍利-白
	粉红，RHS_____	倍利-粉
	红，RHS_____	彼得之星
	深红，RHS_____	光辉
	紫红，RHS_____	柯提兹-紫
	橙红，RHS_____	太阳
	杏桃，RHS_____	圣诞玫瑰-桃
	其他，RHS_____	
*42. 杂色苞叶型式：	无	天鹅绒
	散斑	达文西
	扫斑	彼得之星-银铃
	中斑	倍利-双色
	覆轮斑	草莓鲜奶油
	其他	
*43. 杂色苞叶颜色：	白	
	黄白	草莓鲜奶油
	粉红	倍利-双色
	其他	达文西
六、小花		
44. 小花长：	短	草莓鲜奶油
	中	天鹅绒
	长	大禧
45. 小花径	小	草莓鲜奶油
	中	天鹅绒
	大	大禧
46. 花序中小花总数：	无	
	少	圣诞玫瑰-粉
	中	天鹅绒
	多	小丑-粉
*47. 花梗长：	短	圣诞玫瑰-早生
	中	精华
	长	太阳

品种特性		代表品种
48. 花梗颜色：	乳白	V-14-白
	浅绿	天鹅绒
	绿	精华
	粉红	倍利-粉
	红	光辉
	其他	
49. 柱头颜色：	白	V-14-白
	黄白	柠檬雪
	粉红	V-14-粉
	红	天鹅绒
	其他	倍利-双色
50. 花丝颜色：	白	倍利-白
	黄白	柠檬雪
	粉红	V-14-粉
	红	天鹅绒
	其他	
51. 花香味：	无	天鹅绒
	有	

注：列有*者为重要性状。

附录B

成品盆栽专业评分标准

评分项目		满分	得分
株型比例（25分）	株高	8	
	冠幅	7	
	花头数、开度与紧密度	5	
	株型圆整饱满	5	
苞片形状（25分）	苞片数及大小	7	
	苞片色泽	8	
	苞片数与叶片数比例	5	
	清洁及损伤	5	
枝叶性状（25分）	枝叶粗细与强度	10	
	节间长度	7	
	叶片色泽	8	
病虫害有无(15分）	粉虱	7	
	灰霉病	5	
	其他病虫害	3	
根系情况（10分）	分布均匀性	5	
	活力	3	
	病虫害	2	

附录C

一品红盆花种苗生产技术规程

1 范围

本标准规定了一品红（Poinsettia）盆花种苗的术语和定义、基础条件、栽培技术和包装要求。

本标准适用于东莞地区一品红（Poinsettia）盆花种苗的保护地生产技术。

2 规范性引用文件

下列文件对于本文件的应用是必不可少的。凡是注日期的引用文件，仅注日期的版本适用于本文件。凡是不注日期的引用文件，其最新版本（包括所有的修改单）适用于本文件。

GB 5084 农田灌溉水质标准

3 术语和定义

下列术语和定义适用于本标准。

3.1 扦插

是一种培育植物的常用繁殖方法，可以剪取某些植物的茎、叶、根、芽等，或插入土中、沙中，或浸泡在水中，等到生根后就可栽种，使之成为独立的新植株。

3.2 母株

选择株型直立、生长旺盛，无病虫害的植株作为扦插枝条的来源。

3.3 插穗

用于扦插的带有成熟叶片和健壮叶芽的小段枝条。

3.4 栽培基质

栽培中用来固定植株及贮存植株所需水分和养分的材料。

3.5 苗期

从扦插开始，看到插穗基质外围长出根系后可移栽的时期。

4 基础条件

4.1 大棚设施

建造抗灾害性能良好，配备栽培床架及风机水帘的温室。水帘排风扇系统可有效控制生长阶段要求的温度和湿度，一般水帘与排风扇的距离为30～40 m，南方地区水帘宜采用高150 cm，厚度20 cm的水帘，排风扇每隔8 m一台，以利于高温季节降温，水帘通风处应设置孔径0.425 mm的防虫网。配备双层活动遮阳系统采用遮阳网上层遮光率75%～85%，下层遮光网可根据主栽品种的需光特性确定。

4.2 浇灌水

水温保持18～25 ℃，pH值6.5～7.2，EC值≤0.3，其他内含物应

符合农田灌溉水质标准GB 5084的相关要求。

4.3 栽培基质

栽培基质是生产高品质一品红种苗至关重要的一环。常用的一品红扦插基质为泥炭和扦插专用花泥。两种基质均有优缺点，泥炭生根快，根系粗壮，但劳动成本大。花泥易于操作，缓苗期短，便于包装运输，但单个花泥的成本高。

4.4 扦插日期

根据上市时间选择合适的品种进行生产，因生产不同品种、不同规格的一品红其扦插定植日期不同，应要求种苗供应商提供其品种的生长特性。通常，供应国庆节市场，其扦插时间应在4～5月，定植时间应不迟于5月；供应圣诞节市场，其扦插时间应在6～7月，定植时间应不迟于8月；供应春节市场，其扦插时间应在7～8月，定植时间应不迟于9月。由于栽培品种、栽培形式和栽培气候环境的差异，扦插、定植时间应适当调整，株型越大，时间越要提前。

5 栽培技术

5.1 插穗采集

插穗的成熟度影响生根，太嫩或者太老都不易生根。最佳的是成熟度是初次打顶后5～6周发出的芽。插穗的长度4～5 cm，保留2～3片成熟叶。切下的插穗如不能立即定植，应用湿水的报纸包好，放置于18 ℃左右冷库，保存时间不应超过12小时。优质种苗的标准是：生长势好，健壮，无病虫害，根系发育良好，苗高适中，叶片完整、平展、无畸形、无损伤、无黄化。

5.2 生根处理

用直接醮配好的生根粉处理插穗基部，然后立即扦插于装好花泥或者泥炭的穴盆中，放置时间不宜过久。

5.3 扦插方法

基质以不含肥，进口育苗泥炭或者专用的扦插花泥为佳，基质要求保水保肥性强，透气性好。定植前浇透水，定植深度为3 cm左右。扦插结束摆放整齐后，整理叶片，使顶芽露出。苗期由于株型较小，可采用并列摆放；一品红生长较快，应及时增大其间距，摆放的密度以植株间的叶片不相互交接为标准。

5.4 后期管理

及时遮阴和喷雾，保持通风。理想的做法是白天使扦插苗的叶子时刻保持凉爽和湿润，喷雾的次数与水量应视外界的天气条件而有所调整。在高温季节除叶面喷雾外，还应采取地面洒水等降温措施。扦插10天后，在插穗基部逐渐形成愈伤组织，即可开始例行的施肥，使用10000倍（30—10—10）水溶性肥施肥，新叶成熟后可加大浓度。扦插15～20天后，数条根系长出基质外围即可出圃。

5.5 主要病虫害防治

5.5.1 细菌性软腐病

细菌性软腐病是苗期最严重的病害，严重时会造成大批小苗的死亡。预防是控制该病的关键。栽培消毒，保持良好通风条件，避免氮肥过多或盆中植料太湿，移栽过程的机械损伤。药剂防治可选用77%氢氧化铜可湿性粉剂400倍、30.3 % 四环霉素可溶性粉剂1000倍、68.8%多保链霉素可湿性粉剂1000倍、10%四环霉素可湿性粉剂1000倍溶液，都有较好的预防效果。停止施肥，并控制浇水，保持基质处于干爽状态，以不引起萎蔫为度，适当的叶面喷水可起到补充水分的作用，但应在喷淋后尽快吹干叶面。应适当增加光照强度，可增加20%左右。

5.5.2 真菌蚊子

真菌蚊子是一种小的暗灰色或黑色的蝇类，约3毫米长。经常在生长介质表面或叶片上飞来飞去。成虫一般不会直接为害植株。虫卵零散分布在生长介质表面，经过5～6天，孵化成为身体白色半透明、头部亮黑色的幼虫。幼虫一般生活在根系的上部区域，吃腐败的有机质和活的植株组织。因此，直接对种苗造成伤害。从卵到成虫需2～4周的时间。黄色粘虫纸对真菌蚊子成虫也很有效。另外成虫对大部分杀虫剂都比较敏感，可用喷药防治。幼虫可通过土壤灌注的方式控制。尽可能减少淋水量，避免藻类生长。

6 包装

产品(包装)上须注明品种名称、质量等级、生产单位及其地址、电话等。